Basiswissen Business Intelligence

Informatik

die Grundlagen | für die Praxis | Schritt für Schritt

Roland Gabriel, Peter Gluchowski, Alexander Pastwa

Data Warehouse & Data Mining

Martin Hesseler

Basiswissen ERP-Systeme

Auswahl, Einführung & Einsatz
betriebswirtschaftlicher Standardsoftware

Thomas Allweyer

Geschäftsprozessmanagement

Strategie, Entwurf, Implementierung, Controlling

Heide Balzert

UML 2 in 5 Tagen

Der schnelle Einstieg in die Objektorientierung

Klaus Mentzel

BWL für Manager

Das Wichtigste an Beispielen erklärt

Soft Skills

Christina Stoica-Klüver, Jürgen Klüver, Jörn Schmidt

Besser und erfolgreicher kommunizieren

Vorträge, Gespräche, Diskussionen

Erwin Hoffmann

Manage Dich selbst und nutze Deine Zeit!

Zu vielen dieser Bände gibt es »E-Learning-Zertifikatskurse« unter www.W3L.de.

Christoph Engels

Basiswissen Business Intelligence

W3L-Verlag | Herdecke | Witten

Autor:
Prof. Dr. Christoph Engels
E-Mail: christoph.engels@fh-dortmund.de

Bibliografische Information der Deutschen Nationalbibliothek:
Die Deutsche Nationalbibliothek verzeichnet diese Publikation in der Deutschen Nationalbibliografie. Detaillierte bibliografische Daten sind im Internet über `http://dnb.ddb.de/` abrufbar.

1. Druck: Januar 2009
1. korrigierter Nachdruck: Oktober 2010

Gesamtgestaltung: Prof. Dr. Heide Balzert, Herdecke

Herstellung: M.Sc. Kerstin Kohl, Witten; Dagmar Fraude, Witten

Satz: Das Buch wurde aus der E-Learning-Plattform W3L automatisch generiert. Der Satz erfolgte aus der Lucida, Lucida sans und Lucida casual.

Druck und Verarbeitung: buch bücher dd ag, Birkach

Vorwort

Vielen Dank, dass Sie sich für dieses Buch entschieden haben. Es führt Sie ein in die Welt des vorausschauenden Managements durch *Business Intelligence*. Der Mensch ist in seiner Fähigkeit, große Informationsmengen zur Entscheidungsfindung gleichzeitig heranzuziehen, aufgrund seiner Wahrnehmungsstruktur beschränkt.

Umso wichtiger erscheint es im heutigen Geschäftsleben, dass die richtige Information zum richtigen Zeitpunkt richtig aufbereitet zur Verfügung steht, um die richtige Entscheidung schnell treffen zu können. Die bisherige Erfolgsgeschichte der *Business Intelligence* in Unternehmen dokumentiert ihren großen Nutzen für den Entscheider, der im globalisierten Umfeld vor neuen Herausforderungen steht. Machen Sie *Business Intelligence* mit Hilfe dieses Buchs auch zu Ihrem Erfolg!

Dank

An dieser Stelle möchte ich allen Personen danken, die direkt und indirekt an der Schaffung und Gestaltung des Buches mitgewirkt haben. Mein Dank geht an meine Familie für ihren Rückhalt während der Zeit des Schreibens. Weiter danke ich dem W3L-Team bestehend aus Frau Krengel, Herrn Ludwig und Frau Mertensotto für die Unterstützung und Herrn Balzert für sein Lektorat. Ferner möchte ich mich bei den Studierenden Adamski, Jasik, Leider, Mause, Meschede, Schemmer, Sonsalla, und Stockheim der Fachhochschule Dortmund bedanken, die einzelne Kapitel zugearbeitet haben. Ebenfalls richte ich meinen besonderen Dank an die Kollegen der NuTech Solutions jetzt Intulion Solutions (`intulion.com`) in Dortmund, der Thinking Networks (`www.thinking-networks.de`) in Aachen und der TUI in Hannover, durch deren Projekte ich das Wissen über *Business Intelligence* vertiefen konnte.

neue Didaktik

Um Ihnen das Lernen zu erleichtern, wurde für die W3L-Lehrbücher eine neue Didaktik entwickelt. Der Buchaufbau und die didaktischen Elemente sind auf der vorderen Buchinnenseite beschrieben.

kostenloser E-Learning-Kurs

Ergänzend zu diesem Buch gibt es den kostenlosen E-Learning-Kurs »Schnelleinstieg BI«. Sie finden den Kurs auf der Website `http://Akademie.W3L.de`. Unter `Startseite & Aktuelles` finden Sie in der Box E-Learning-Kurs zum Buch den Link zum Registrieren. Nach der Registrierung und dem Einloggen geben Sie bitte die folgende Transaktionsnummer (TAN) ein: 7468691364.

kosten-pflichtiger E-Learning-Kurs

Zusätzlich gibt es zu diesem Buch einen umfassenden, gleichnamigen Online-Kurs mit Mentor-/Tutorunterstützung, der zusätzlich zahlreiche interaktive Übungen, Tests und Aufgaben enthält, und der mit qualifizierten Zertifikaten abschließt. Sie finden ihn ebenfalls unter http://Akademie.W3L.de.

Business Intelligence Institute

Neue Entwicklungen zum Thema, Werkzeuge, Erfahrungsberichte und weitere Links finden Sie auf der Website des *Business Intelligence Institute*:

www.business-intelligence-institute.org

Starten Sie jetzt mit Ihrem Einstieg in die Welt der *Business Intelligence*.

Viel Spaß und Erfolg!
Ihr

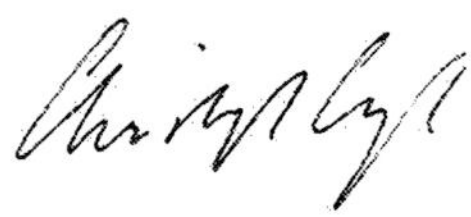

Inhalt

1 Einführung und Aufbau *

Business Intelligence bereitet operative Daten, die durch die Geschäftsprozesse im Unternehmen erzeugt werden, zur weiteren Analyse durch Entscheider auf. Die Methoden der *Business Intelligence* erlauben durch diese Transformation einen vereinfachten und zielgerichteten Zugriff auf entscheidungsrelevante Informationen.

Das primäre Ziel der *Business Intelligence* liegt in der zielgerichteten Aufbereitung von Daten und Informationen zur Verbesserung von betriebswirtschaftlichen Entscheidungen. Aus diesem Ziel leiten sich Anforderungen zur systemtechnischen Umsetzung ab. In diesem Buch wird die Beziehung innerhalb der *Business Intelligence* zwischen Betriebswirtschaft und Informatik dargestellt.

Operative Systeme

Beispiel 1a »Hawaiireise«

Beim Zugriff auf Ihr Online-Bankkonto stellen Sie fest, dass Ihr Girokonto einen unerwartet hohen Kontostand aufweist: Ihre Erbtante hat Ihnen eine »Ausbildungsbeihilfe« geschenkt. Sie bewegen sich weiter durch das Internet und entdecken eine Werbung für eine schöne Urlaubsreise nach Hawaii zum Schnäppchenpreis. Sie rufen die Seite des Reiseanbieters auf und setzen dort eine Anfrage ab, ob das Angebot für zwei Personen noch verfügbar sei. Da dieses der Fall ist, rufen Sie per Handy Ihre(n) Partner(in) an und erhalten seine/ihre Zustimmung, Sie zu begleiten. Anschließend buchen Sie mit Ihrer Kreditkarte die Reise auf der Website des Reiseanbieters. Sie erhalten per E-Mail eine Buchungsbestätigung und einige Tage später Ihre Reiseunterlagen (Vouchers, Flugtickets) per Post. Ferner werden Ihnen einige Wochen später Ihre Handyabrechnung und Kreditkartenabrechnung mit den entsprechenden Buchungen zugestellt.

Frage

Überlegen Sie, welche Daten die Bank, der Reiseveranstalter, der Mobilfunkprovider und das Kreditkartenunternehmen zur Durchführung des Beispiels »Hawaiireise« speichern und verarbeiten muss!

Antwort

- Bank: Datum, Kontonummer, Umsätze, Verwendungszweck, Sender / Empfänger
- Reiseveranstalter: Datum, Name des Kunden, Adresse, E-Mail-Adresse, Reisedatum, Reiseziel, Hotel, Flugnummern, Anzahl der Personen
- Mobilfunkprovider: Datum, Telefonnummer Anrufer, Telefonnummer Angerufener, Gesprächsdauer
- Kreditkartenunternehmen: Datum, Kreditkartennummer, Umsätze, Begünstigter, Währung

Das Gedankenexperiment der »Hawaiireise« verdeutlicht einen typischen operativen Prozess aus Kundenperspektive.

Analytische Applikationen

Das Fallbeispiel »Hawaiireise« lässt sich alternativ auch aus einer völlig anderen Sicht beleuchten: der Sicht des anbietenden Unternehmens.

Beispiel 1b »Analyse«

In dem Beispiel treten die kontoführende Bank, der Reiseveranstalter, der Mobilfunkprovider und das Kreditkartenunternehmen in analysierender Rolle auf. So ist beispielsweise die Geschäftsleitung des Reiseveranstalters für den Erfolg, d. h. die nachhaltige positive Entwicklung von Umsatzerlösen und Kosten, und somit auch für das Ergebnis des Unternehmens verantwortlich. Die Nachhaltigkeit ergibt sich u. a. aus der Bindung der Kundenbasis und der Beschäftigung qualifizierter und loyaler Mitarbeiter. Durch Analyse der **Kennzahlen** wie dem Umsatz überwacht die Geschäftsleitung fortlaufend die Geschäftsentwicklung. Weichen diese Kennzahlen von der Erwartung ab, wird die Geschäftsleitung nach der Ursache hierfür suchen. Stellt sie beispielsweise fest, dass sich das Ergebnis gegenüber der Vorperiode verbessert hat, möchte sie untersuchen, ob sich dieser Effekt aus einer globalen Kostenreduktion ergibt, oder ob eine Geschäftsstelle bzw. Reiseagentur ein deutlich überproportionales Ergebnis erwirtschaftet hat. Die Antwort auf diese Frage nach der Ursache könnte die Geschäftsleitung zwar theoretisch aus der Menge aller Buchungsdaten des ersten Beispiels gewinnen, um diese Aufgabe allerdings effizient lösen zu können, wird eine geeignete Repräsentation benötigt. Zunächst müssen die Buchungsdaten in diese Repräsentation überführt werden. Erst auf Basis dieser transformierten Darstellung ist der Entscheider in der Lage, den Grund für die Entwicklung zu analysieren.

Stellen Sie sich vor, Sie sind leitender Manager eines Reiseveranstalters. In dieser Rolle sind Sie verantwortlich für die nachhaltig erfolgreiche Entwicklung des Unternehmens. Sie stellen fest, dass sich der Gewinn vor Steuern gegenüber der letzten Berichtsperiode für das Gesamtunternehmen um 10 Prozent erhöht hat. Sie möchten die Ursache für diese Entwicklung identifizieren.

Frage

Welche Informationen analysieren Sie in einer genaueren Betrachtung, um die Ursache für diese Entwicklung zu finden? Dabei liegt Ihnen bereits der Gewinn vor Steuern auf der Gesamtunternehmensebene vor.

Antwort

- Von Interesse ist, wie sich dieser Gewinn auf einzelne Bereiche, die in der *Business Intelligence* **Dimensionen** genannt werden, verteilt. So kann die Gewinnsteigerung durch ein bestimmtes Vertriebsgebiet hervorgerufen worden sein, in dem die Reisebüros besonders hohe Gewinne erzielen konnten. Eine andere Ursache könnte beispielsweise in der Zunahme der Buchungen in einer besonders profitablen Kundengruppe wie den DINK's (*Double Income No Kids*) liegen.
- Der Grund für den Gewinnsprung wäre aber bei konstantem Umsatz auch durch eine positive Entwicklung einer anderen betriebswirtschaftlichen Größe, den Kosten, möglich. Konnten Kostenreduzierungen z. B. im Einkauf realisiert werden, die nicht vollständig durch günstigere Verkaufspreise an den Kunden weitergegeben werden, so steigt der Gewinn ebenfalls.

Auf diese Weise lassen sich verschiedene Hypothesen auf unterschiedlichen Detailierungsebenen und bezüglich unterschiedlicher betriebswirtschaftlicher Größen untersuchen. Die analytische Applikation unterstützt diese Untersuchung durch zeitnahe Bereitstellung der relevanten Daten.

Der Begriff *Business Intelligence*

zur Historie

IT-Systeme, die betriebswirtschaftliche Informationen für Managemententscheidungen aufbereiten, existieren seit Beginn der elektronischen Datenverarbeitung. Um die wachsende Leistungsfähigkeit dieser Systeme zu verdeutlichen, entstanden in regelmäßigen Abständen neue Begriffe. Diese bezeichnen die entsprechende Anwendungskategorie:

- 60er Jahre: Management Informationssysteme (MIS)
- 70er Jahre: Entscheidungsunterstützende Systeme (*Decision Support Systems* – DSS)
- 80er Jahre: *Executive Information Systems* (EIS)

Howard Dresner

Der Begriff *Business Intelligence* wurde von Howard Dresner im Jahre 1989 ausgehend von den betriebswirtschaftlichen Fragestellungen eingeführt. Howard Dresner ist Präsident der unabhängigen Beratungsgesellschaft Dresner Advisory Services LLC. Zuvor war er dreizehn Jahre in der Gartner Group beschäftigt, wo er die Rollen eines *Research Fellows* und *Lead Analyst* für *Business Intelligence* bekleidete. Bis zur Übernahme durch Oracle war er *Chief Strategy Officer* bei Hyperion. Die Einführung des Begriffs wurde auf technischer Seite vor allem durch *Data Warehouses* und das *Online Analytical Processing* (OLAP) angetrieben. Die maßgeblichen Grundlagen hierfür wurden von William H. Inmon [Inmo02] für *Data Warehouse*-Prinzipien und Edgar Frank Codd [CCS93] für Anforderungen an ein *Online Analytical Processing* im Jahre 1993 gelegt. Auf Basis dieser Techniken entstanden neue Ausprägungen betriebswirtschaftlicher Anwendungen.

Begriff

Als Oberbegriff ist ***Business Intelligence*** nicht so verbreitet wie die betriebswirtschaftlichen Funktionen, die der Begriff subsummiert. Allerdings findet er eine deutlich höhere Verwendung als die Bezeichnungen für technische Methoden, die ihn implementieren.

Will man den Begriff *Business Intelligence* durch die Bestandteile beschreiben, die er bezeichnet, dann ist eine Trennung in die folgenden Aspekte sinnvoll [BaSe02]:

- Datenbereitstellung, -haltung und -abfrage. Häufig wird hierfür auch der Begriff *Data Warehouse* synomym verwendet. Der Fokus liegt hierbei auf den technischen Methoden zur Umsetzung von *Business Intelligence*.

- Betriebswirtschaftliche Anwendungen. Diese werden meist als »Analytische Applikationen« zusammengefasst.

Auf dieser Unterscheidung basiert die Gliederung dieses Buches. Zusätzlich wird eine Unterscheidung zwischen grundlegenden betriebswirtschaftlichen Aufgaben und Verfahren zur intelligenten Auswertung getroffen, so dass sich insgesamt drei verschiedene Hauptkapitel ergeben:

Business: Grundlegende betriebswirtschaftliche Aufgaben und Verfahren:

- »Die betriebswirtschaftliche Sicht«, S. 7

Intelligence: Methoden zur intelligenten Datenaufbereitung:

- »Die Methoden der Business Intelligence«, S. 57

Technik: Werkzeuge zur technischen Umsetzung der Methoden:

- »Die Werkzeuge der Business Intelligence«, S. 121

Diese Unterteilung dient der Strukturierung dieses Buches und verdeutlicht gleichzeitig durch eine direkte wörtliche Anlehnung an den Begriff die Spannbreite, die durch *Business Intelligence* abgedeckt wird.

2 Die betriebswirtschaftliche Sicht *

Der Anwender und die zu unterstützenden **Geschäftsprozesse** bilden im Idealfall den Auslöser für die Einführung von IT-Systemen. Ein hiervon abweichendes Vorgehen führt häufig zu mangelnder Akzeptanz und daraus abgeleiteten Fehlinvestitionen.

Dieses Buch stellt daher die Betrachtung der Anwendungsbereiche für *Business Intelligence* an den Anfang. Eine Übersicht über die Teilaufgaben eines generischen Unternehmens dient als Einstieg und motiviert die Verwendung der multidimensionalen Sichtweise:

- »Multidimensionales Denken«, S. 8

Daran schließt sich eine exemplarische Auswahl von internen unternehmerischen Aufgaben aus den Bereichen Allgemeines Management, Finanzmanagement, Kundenbeziehungsmanagement an:

- »Multidimensionales Denken«, S. 8
- »Performance Management«, S. 23
- »Kennzahlensysteme«, S. 12
- »Planungskoordination«, S. 28
- »Zielkostenrechnung«, S. 43
- »Kampagnen«, S. 51

Ergänzt wird die Darstellung um die externen Aufgaben des Unternehmens in Bezug auf die externe Rechnungslegung und Konzernkonsolidierung:

- »Externes Rechnungswesen«, S. 31
- »Konzernkonsolidierung«, S. 38

Dieser Teil des Buches erhebt keinen Anspruch auf eine vollständige Darstellung der betriebswirtschaftlichen Zusammenhänge. Er dient dem betriebswirtschaftlich vorgebildeten Leser als Übersicht über die unterstützten Einsatzbereiche der *Business Intelligence*, während dem technisch vorgebildeten Leser die betriebswirtschaftlichen Zusammenhänge bezogen auf die damit verbundene zu lösende Problemstellung komprimiert vermittelt werden. Zahlreiche Fallbeispiele aus dem touristischen Sektor konkretisieren und verdeutlichen den Nutzen durch die Anwendung der Methoden der

Business Intelligence. Auch in diesem Teil wird die Darstellung von Beispielen aus der Touristik verdeutlicht.

2.1 Multidimensionales Denken *

Die betriebliche Informationsflut zu bewältigen und entscheidungsrelevant aufzubereiten, bildet einen wesentlichen Erfolgsfaktor. Je frühzeitiger wichtige Signale zur Verfügung stehen, desto angemessener kann der Manager handeln. Eine integrierte und zeitnahe Sicht auf Informationen aus allen Unternehmensbereichen ist daher wesentlich. Die Verzahnung und Rückkopplung von strategischen und operativen Entscheidungen gewährt eine Durchgängigkeit der Unternehmenssteuerung.

Unternehmen befinden sich in globalisierten Märkten in einem sich verschärfenden Wettbewerb. Vorausschauendes und flexibles Handeln stellt eine Voraussetzung für den unternehmerischen Erfolg dar. *Business Intelligence* versucht, den Entscheidungsträger mit der richtigen Information zum richtigen Zeitpunkt zu versorgen, um eine angemessene Entscheidung zu ermöglichen [Druc95].

Früh-indikatoren

Je früher der Entscheider kritische Entwicklungen oder Chancen erkennt und auf die Strategie rückkoppelt, desto geringer sind die negativen Auswirkungen auf die Unternehmensentwicklung. *Business Intelligence* stellt idealerweise Informationen auf dem gesamten Weg von der Strategie bis zur Nachbetrachtung des Ergebnisses zur Verfügung (Abb. 2.1-1).

Auf jeder Ebene, von der Führungsfunktion bis zur Liquiditätsrechnung, liefern Signale Anhaltspunkte für mögliche Probleme im Unternehmen (Tab. 2.1-1).

Business Intelligence stellt diese Signale zeitnah zur Verfügung und erlaubt eine verfeinerte Analyse der Ursachen. Bei der Ursachenforschung benötigt der Entscheider detaillierte Informationen, die das Unternehmen und seine Umweltbeziehungen in seinen Einzelbestandteilen beschreibt.

multi-dimensionale Analyse

Die große Anzahl von Interaktionen zwischen Unternehmensbestandteilen wie z. B. Produkten, Kunden und Absatzkanälen erzeugt eine hohe Komplexität.

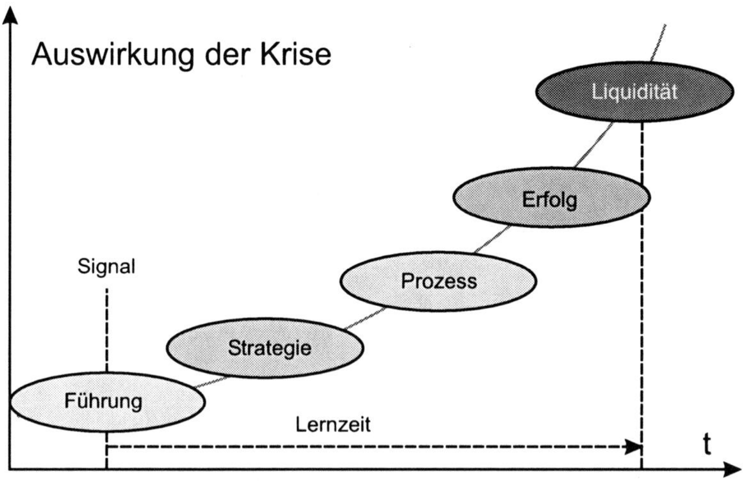

Abb. 2.1-1: Von der Führungs- zur Liquiditätskrise [Weic03].

Ebene	**Signal**
Strategie	Im Produktportfolio sind nur *Cash Cows* enthalten. Diese lassen in ihrer Ertragskraft nach.
Prozess	Eine hohe Anzahl von Projekten werden terminlich überzogen.
Erfolg	Das Betriebsergebnis (***EBIT***) sinkt über mehrere Perioden.
Liquidität	Es sind nur geringe Barmittel vorhanden.

Tab. 2.1-1: Beispiele für Signale.

Beispiel für Dimensionen

10 Verkäufer verkaufen durchschnittlich 10 Produkte jeden Monat an jeden ihrer 100 Kunden. Gleichzeitig sollen 5 Schlüsselkennzahlen verfolgt werden. Über 24 Monate betrachtet bedeutet dieses:

10 Verkäufer · 10 Produkte · 100 Kunden · 24 Monate · 5 Indikatoren liefern 1.200.000 mögliche Kombinationen.

Aufarbeitung der Informationen

Dieses Beispiel zeigt im Gegensatz zu realen Unternehmen nur einen kleinen Ausschnitt der zu berücksichtigenden Information, der durch die einzelnen **Dimensionen** Absatzkanäle (Verkäufer), Produkte, Kunden, Schlüsselkennzahlen und Zeit charakterisiert ist. Aus dieser Komplexität folgt, dass Daten so aufzubereiten sind, dass die dargestellte Information sich auf das Wesentliche beschränkt und daraus Indikatoren für die Gewinnspanne und die Kostentreiber erkennt. Dann können Analysen in wenigen Minuten durchgeführt und schneller festgestellt werden, ob das Unternehmen zielgerichtet wirtschaftet oder nicht.

Effiziente Methoden der Informationsaufbereitung sind erforderlich, um jede der oben erwähnten 1.200.000 Kombinationen einzeln auszuwählen und mit einer anderen Kombination zu vergleichen. Trends lassen sich daraus ableiten und über mehrere Perioden betrachten. Die auslösenden Signale und Faktoren, die zu diesem Ergebnis führen, werden ebenfalls effizient herausgefiltert und aufgearbeitet.

Business Intelligence-Systeme finden ihren Einsatz in den unterschiedlichsten Abteilungen eines Unternehmens. Sowohl beim Absatz, in der Produktion, als auch im Finanzmanagement und der Kundenbetreuung dienen sie der Informationsbereitstellung. Das große Einsatzspektrum führt zu einer weiteren Erhöhung der Komplexität der Information. Einen Überblick zu den möglichen betrieblichen Einsatzfelder liefert die Abb. 2.1-2.

Wie aus der Abb. 2.1-2 ersichtlich ist, unterstützen *Business Intelligence*-Systeme neben den unterschiedlichen Funktionsbereichen des Unternehmens die steuernden Prozesse zur Erreichung der Unternehmensziele:

- Strategiefindung
- Planung
- Analyse
- Berichtswesen (Reporting)

Das Zusammenspiel der verschiedenen Prozesse ist in Abb. 2.1-3 verdeutlicht [Turn96].

- Die strategische Planung legt die Rahmenbedingungen für die Zukunft in Form von Plankennzahlen fest. Als Basis für diese Planung wird die aktuelle ISTSituation herangezogen und in die Zukunft unter Berücksichtigung der strategischen Maßnahmen fortgeschrieben.

Abb. 2.1-2: Verschiedene Sichten auf das Unternehmen.

- In der Gegenwart (in der Abb. 2.1-3 am 30.06.) findet die Überprüfung der tatsächlichen Entwicklung in Bezug auf die geplanten Kennzahlen und Maßnahmen statt. Gefundene Abweichungen dienen als Handlungsauslöser für kurz bis mittelfristige Korrekturen. Dabei geht es um eine Ortsbestimmung:
  - »Wo befinden wir uns jetzt -aktuell im Jahr- bei Umsatz, Auftragseingang, zu erwirtschaftendem Deckungsbeitrag, bei Kosten und Kapitalbindung?«
  - »Wie sieht die weitere Entwicklung (im Bsp. bis zum Stichtag 31.12.) aus?«

- Nach Ablauf der Betrachtungsperiode erfolgt die Feststellung des tatsächlich erzielten Ergebnisses für die Vergangenheit. Diese Feststellung ist insbesondere in der steuerlichen und finanziellen Außenbeziehung des Unternehmens verbindlich.

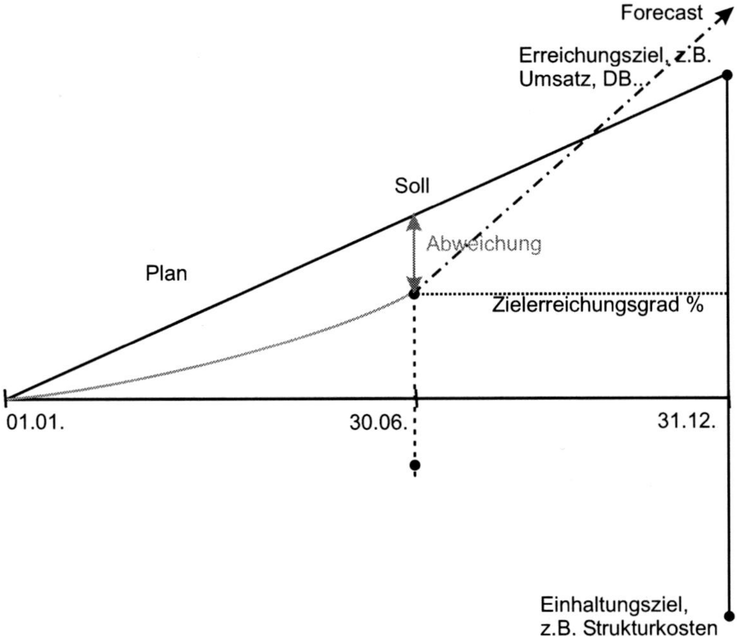

Abb. 2.1-3: Zeitliche Planung und Steuerung von unternehmerischen Zielgrößen.

2.2 Kennzahlensysteme *

Kennzahlensysteme besitzen eine wichtige Funktion bei der Unternehmensführung. Sie verdichten die zur Verfügung stehende Information und ermöglichen damit die Entscheidung. Im Planungsprozess werden Kennzahlensysteme eingesetzt, um Einblicke in die Zusammenhänge von Teilplänen zu erhalten. Mit der Bottom-Up-Rechnung werden im ersten Schritt die Kennzahlen zur Entscheidungsunterstützung erzeugt. Im weiteren Verlauf des Planungsprozesses können einzelne Kennzahlen variiert werden. Die erforderlichen Anpassungen der übrigen Kenn-

zahlen erfolgen mit der Top-Down-Rechnung. Mit dem Einsatz der Kennzahlensysteme im Plannungsprozess können Unternehmen verschiedene Planvarianten durchspielen und erhalten dadurch eine Übersicht.

Grundlagen der Kennzahlensysteme

Kennzahlen

Kennzahlen sind unterteilt in:

- absolute Kennzahlen, gegliedert nach
  - Bestandgrößen, wie der Kassenbestand
  - Summen, wie die Bilanzsumme
  - Differenzen, wie der **Gewinn**
- Verhältniskennzahlen, gegliedert nach
  - Beziehungskennzahlen, mit z. B. der Maßeinheit EUR/h
  - Gliederungskennzahlen als Prozentsatz einer Größe
  - Indexkennzahlen, wie der Preisindex

Die wichtigsten zehn in der Praxis verwendeten Kennzahlen sind gegeben durch:

1. **Umsatz** (100 Prozent)
2. Bilanzergebnis (92 Prozent)
3. Mitarbeiter (92 Prozent)
4. **Betriebsergebnis** (90 Prozent)
5. ***Cash Flow*** (85 Prozent)
6. **Deckungsbeitrag** (77 Prozent)
7. **Liquidität** (73 Prozent)
8. Auftragseingang (65 Prozent)
9. **Eigenkapitalrendite** (65 Prozent)
10. ***Return on Investment*** (55 Prozent)

Der Prozentwert in Klammern gibt die Verbreitung der jeweiligen Kennzahl in 1.210 befragten deutschen Unternehmen mit mehr als 1.000 Mitarbeitern an [BaKa00].

Kennzahlensystem

Bei Kennzahlensystemen handelt es sich um hierarchisch aufgebaute Kennzahlenbäume. Die Kennzahl auf der höchsten Ebene wird als Hauptkennzahl bezeichnet und durch die darunter liegenden Kennzahlen erklärt bzw. berechnet. Ein rechnerischer Zusammenhang wird durch eine Formel definiert, bei der auf der linken Seite der Gleichung die höher im Baum verankerte Kennzahl und auf der rechten Seite tiefer im Baum liegende Kennzahlen auftreten.

Es werden Kennzahlensysteme unterschieden im Hinblick auf die Beziehungen zwischen den Kennzahlen. Sie können einerseits einen rechnerischen Zusammenhang oder nur eine inhaltliche Erklärung zur Kennzahl der höheren Ebene haben (in Anlehnung an [Prei02]).

Einer der Klassiker unter den Kennzahlensystemen ist das DuPont-System zur Berechnung des *Return on Investment* (ROI). Es stammt aus dem Jahr 1919 und fokussiert sich nicht auf die Gewinnmaximierung, sondern stellt die relative Größe Gesamtkapitalrentabilität in den Vordergrund. Die Zielgröße kann in diesem System in ihre Einflussfaktoren unterteilt werden und eignet sich daher dazu, das Unternehmensergebnis systematisch zu analysieren. Es ist für einen einzelnen Unternehmensbereich einsetzbar und gewährt dem Bereichsleiter bei der Umsetzung der Vorgabe einen Handlungsspielraum bezüglich der Einflussfaktoren.

Kennzahlensysteme wie das ZVEI-Kennzahlensystem und das RL-Kennzahlensystem sind Weiterentwicklungen und Erweiterungen des klassischen Systems.

ROI

Der ***Return On Investment*** bildet die Hauptkennzahl aus dem DuPont-System zur Bewertung der Ertragslage eines Unternehmens. Der Wert des ROI gibt an, wie hoch die Rendite für das gesamte im Unternehmen eingesetzte Kapital ausfällt bzw. wie hoch der prozentuale Anteil des Gewinns am Gesamtkapital ist.

Die Definition des ROI lautet:

ROI = (Gewinn + Fremdkapitalzinsen) / Gesamtkapital

ROI-Schema

In der Abb. 2.2-1 ist als Beispiel für ein solches Kennzahlensystem das ROI-Schema nach DuPont dargestellt, das sich insbesondere für kurz- und mittelfristige Planungen eignet.

Grenzen

Die Grenzen von Kennzahlensystemen bestehen darin, dass einzelne Kennzahlen nur wenig aussagen, da die Relation zu anderen Kennzahlen ausschlaggebend ist. Des Weiteren muss beachtet werden, dass sie nur die zahlenmäßig erfassbaren Daten abbilden und somit andere Informationen (z. B. textuelle Darstellungen), die für das Management von hoher Bedeutung sein können, ignorieren. Bei der Ausarbeitung der Kennzahlen und Kennzahlbeziehungen können Fehler entstehen, wenn z. B. bei der Ermittlung von den Ba-

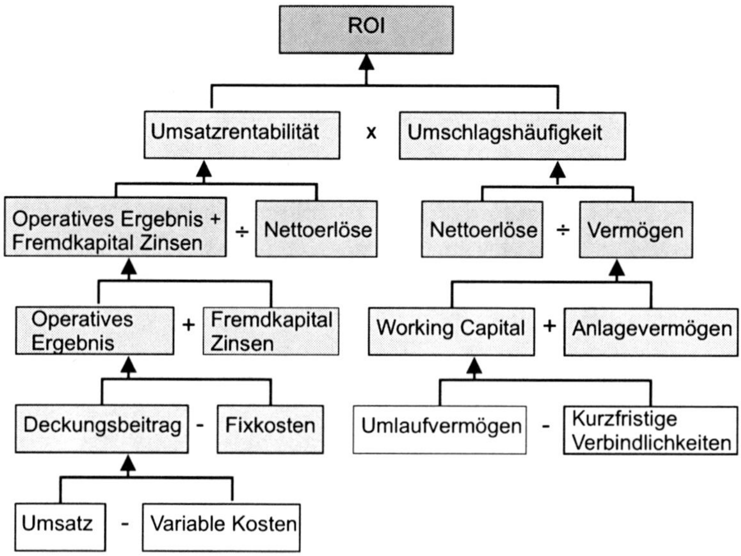

Abb. 2.2-1: ROI-Schema.

siskennzahlen Daten aus unterschiedlichen Rechnungsperioden verwendet werden. Ist eine Basiskennzahl nicht korrekt, dann werden alle anderen Kennzahlen, die von dieser abhängen, verfälscht. Weitere Fehler können bei der Auswertung der Kennzahlensysteme entstehen, wenn z. B. die Ergebnisse falsch interpretiert werden. Kennzahlensysteme sind starr aufgebaut und betonen finanzielle Aspekte der Unternehmensführung.

Planungsprozess

Der Planungsprozess beinhaltet die gedankliche Vorwegnahme zukünftiger Ereignisse. Es werden Aufgaben und Ressourcen verplant, um die festgelegten Ziele innerhalb eines bestimmten Zeithorizontes zu erreichen. Kennzahlensysteme dienen im Planungsprozess insbesondere dazu, Einblicke in die Zusammenhänge von Teilplänen zu gewinnen. Dabei werden aus bereits geplanten Werten Kennzahlen ermittelt und so Ursache-Wirkungs-Relationen analysiert. Durch den Einsatz der Kennzahlensysteme im Planungsprozess können Unternehmen verschiedene Planvarianten durchspielen und erhalten als Ergebnis eine Übersicht über mehrere mögliche Planungen. Dadurch ist ein Unternehmen in der Lage, die bestmöglichste Planvariante auszuwählen, um das festgelegte Ziel optimal zu erreichen.

Eine weitere Funktion der Kennzahlensysteme besteht in der Ermittlung der Sollwerte für die geplante Periode, die der Steuerung dienen.

Gliederung des Planungsprozesses

Der Planungsprozess mittels Kennzahlenschema gliedert sich in zwei Schritte:

- Berechnung der Kennzahlen auf Basis der Eingangsgrößen aus dem geplanten Jahresabschluss (**Bottom-Up**-Rechnung).
- Variation der Kennzahlen zur Analyse der Ursache-Wirkungs-Relationen mit Berechnung der Einflüsse der Veränderungen auf die Eingangsgrößen (**Top-Down**-Rechnung).

Berechnung der Kennzahlen (Bottom-Up-Rechnung)

Die Berechnung der Kennzahlen für die nächste Periode bildet einen wichtigen Schritt bei der **Planung**, da hierdurch aus den Basisdaten des geplanten Jahresabschlusses die Basiskennzahlen entstehen, und aufgrund dieser die Kennzahlen zur Entscheidungsunterstützung gebildet werden. Anhand der errechneten Kennzahlen überprüft der Entscheider, ob die Eingangsgrößen aus dem geplanten Jahresabschluss rentabel sind.

Bottom-Up

Die Berechnung bezeichnet man auch als Bottom-Up-Rechnung. Betrachtet man hier die Kennzahlenpyramide des Kennzahlensystems nach DuPont (Abb. 2.2-1), stellt man fest, dass die ermittelten Basiskennzahlen sich in den unteren Hierarchieebenen befinden. Aus diesen leiten sich stufenweise immer höhere Hierarchieebenen ab. Die Hauptkennzahl und die Kennzahlen, die sich in den oberen Ebenen befinden, werden aus den darunter liegenden Ebenen berechnet. Es findet also eine Rechnung von unten nach oben statt.

Beispiel für die Berechnung der Kennzahlen

Anhand eines Beispiels sehen Sie, wie die Berechnung des Kennzahlensystems (Bottom-Up-Rechnung) Anwendung findet. In Einzelschritten entsteht die Berechnung der Kennzahlen. Gegeben sind die Basiskennzahlen, die aus den Basisdaten des geplanten Jahresabschlusses gebildet wurden (Tab. 2.2-1).

Das Beispiel ist mit Hilfe einer Tabellenkalkulation erstellt worden (Abb. 2.2-2). In der Tabelle der Abbildung erscheinen in den Zeilen die einzelnen Kennzahlen, wobei die Einrückung und die Farben, die Hierarchiestufen zwischen den Kennzahlen repräsentieren. In der ersten Spalte (Basisdaten) werden die entsprechenden Basiskennzahlen (fett hervorgehoben) eingegeben. Hinter den übrigen Zellen befinden sich Formeln, sodass sie sich automatisch mit Werten füllen.

Kennzahl	**Wert in [EUR]**
Umsatz	25.000
variable Herstellungskosten	16.800
fixe Herstellungskosten	1.600
Verwaltungskosten	1.000
Vertriebskosten	1.500
Fremdkapitalzinsen	800
Nettoumsatzerlöse	24.000
Umlaufvermögen	6.500
kurzfristige Verbindlichkeiten	500
Anlagevermögen	12.000

Tab. 2.2-1: Gegebene Basiskennzahlen.

Berechnung

Die Daten der ersten Spalte sind von der zweiten Spalte (Alternativplan) zu übernehmen, um sie später mit verschiedenen Planvarianten vergleichen zu können.

Die automatisch zu berechnenden Zellen der ersten Spalte sind mit folgenden Berechnungsformeln gefüllt (die Beschreibung erfolgt hier von unten nach oben):

Working Capital: Differenz zwischen Umlaufvermögen und kurzfristigen Verbindlichkeiten:

6.000 EUR = 6.500 EUR – 500 EUR

Vermögen: Summe von *Working Capital* und Anlagevermögen.

18.000 EUR = 6.000 EUR + 12.000 EUR

Umschlagshäufigkeit: Quotient von Nettoerlösen und Vermögen:

1,33... = 24.000 EUR / 18.000 EUR

Fixkosten: Summe von fixen Herstellungskosten,Verwaltungskosten und Vertriebskosten.

4.100 EUR = 1.600 EUR + 1.000 EUR + 1.500 EUR

Deckungsbeitrag (DB): Differenz zwischen Umsatz und variablen Herstellungskosten.

8.200 EUR = 25.000 EUR – 16.800 EUR

Operatives Ergebnis: Differenz zwischen Deckungsbeitrag und Fixkosten.

4.100 EUR = 8.200 EUR – 4.100 EUR

Summe Operatives Ergebnis + Fremdkapitalzinsen

4.900 EUR = 4.100 EUR + 800 EUR

Umsatzrentabilität: prozentualer Anteil vom Operativen Ergebnis + Fremdkapitalzinsen an Nettoerlösen

20,42 % = 4.900 EUR / 24.000 EUR · 100

ROI: Produkt von Umsatzrentabilität und Umschlagshäufigkeit

27,22 % = 20,42 % · 1,33...

	Basisdaten	Alternativplan
ROI	27,22%	27,22%
Umsatzrentabilität	20,42%	20,42%
Operatives Ergebnis + Fremdkapitalzinsen	4.900,00	4.900,00
Operatives Ergebnis	4.100,00	4.100,00
Deckungsbeitrag	8.200,00	8.200,00
Umsatz	25.000,00	25.000,00
variable Herstellungskosten	16.800,00	16.800,00
Fixkosten	4.100,00	4.100,00
Fixe Herstellungskosten	1.600,00	1.600,00
Verwaltungskosten	1.000,00	1.000,00
Vertriebskosten	1.500,00	1.500,00
Fremdkapitalzinsen	800,00	800,00
Nettoerlöse	24.000,00	24.000,00
Umschlagshäufigkeit	1,33	1,33
Vermögen	18.000,00	18.000,00
Working Capital	6.000,00	6.000,00
Umlaufvermögen	6.500,00	6.500,00
kurzfristige Verbindlichkeiten	500,00	500,00
Anlagevermögen	12.000,00	12.000,00

Abb. 2.2-2: Bottom-Up-Tabelle.

Variation der Kennzahlen zur Analyse (Top-Down-Rechnung)

Das obige Beispiel zeigt die Berechnung in Bottom-Up-Reihenfolge anhand des ROI-Schemas, indem die Basiskennzahlen eingegeben und die übrigen Kennzahlen, die von den Basiskennzahlen abhängen, von Formeln berechnet werden.

Top-Down

Die Top-Down-Rechnung gibt die Kennzahlen auf oberer Ebene vor. Hierbei sind die Basiskennzahlen mittels »Zurückrechnung« derart anzupassen, dass die inhaltlichen Beziehungen gemäß der oben dargestellten Formeln wieder stimmig werden, und das Schema in sich schlüssig bleibt.

Es wird beispielsweise ein Umsatzrentabilitätsziel in die Rechnung einbezogen, aufgrund dessen sich durch die Top-Down-Rechnung ermitteltn lässt, inwiefern sich die einzelnen Kennzahlen anpassen müssen, um das festgesetzte Ziel zu erreichen. Mittels einer Analyse der Ursache-Wirkungs-

Relationen stellt man fest, inwieweit eine Veränderung der Basiskennzahlen durch die Variation der Kennzahlen in der oberen Ebene statt gefunden hat. Man kann somit verschiedene Varianten bzw. Szenarien durchspielen, die dem Unternehmen einen Vergleich geben. Dadurch ist ein Unternehmen in der Lage, die richtigen Entscheidungen hinsichtlich der Planung zu treffen und somit das bestmögliche Ergebnis zu erzielen.

Nachteile dieser Methode bestehen darin, dass die höhere Ebene den darunter liegenden Ebenen unter Umständen Werte vorgibt, die von vornherein im Unternehmen nicht erfüllbar sind. Deswegen muss jede errechnete Variation auf die Realisierbarkeit überprüft werden.

Top-Down-Rechnung

Jetzt wird nicht mehr die erste, sondern die zweite Spalte (Alternativplan) der Tabelle in der Abbildung bearbeitet. Dort kann allerdings nur die ROI-Zelle editiert werden. Die erste Spalte soll als Vergleichsspalte unverändert bleiben.

Eingabe des ROI
Anhand der Tabelle Abb. 2.2-3 erkennt man, wie sich das ROI- Schema verändert, wenn statt des berechneten ROI- Ergebnisses 27,22 Prozent ein höherer Wert wie z. B. 30 Prozent eingeben wird.

Berechnung

Einige Kennzahlen haben sich verändert, andere sind gleich geblieben. Im Einzelnen sind folgende Operationen durchgeführt worden:

Durch die Eingabe bei ROI wurde die Umsatzrentabilität so angepasst, dass das Produkt aus Umsatzrentabilität und Umschlagshäufigkeit nun 30 ergibt. Die Umschlagshäufigkeit erfährt keine Veränderung.

22,5 % = 30 % / 1,33
(Umsatzrentabilität = ROI / Umschlagshäufigkeit)

Dadurch, dass eine Änderung bei der Umsatzrentabilität entstanden ist, werden Operatives Ergebnis + Fremdkapitalzinsen angepasst, sodass der prozentuelle Anteil an Nettoerlösen 22,5 % beträgt. Die Nettoerlöse erfahren keine Veränderung.

5.400 EUR = 22,5 % · 24.000 EUR / 100
(Operatives Ergebnis + Fremdkapitalzinsen = Umsatzrentabilität · Nettoerlöse / 100)

Durch die Anpassung bei im Feld Operatives Ergebnis + Fremdkapitalzinsen, wird das Operative Ergebnis so verändert, dass die Summe aus dem Operativen Ergebnis und Fremdkapitalzinsen 5.400 EUR ergibt. Die Fremdkapitalzinsen bleiben konstant.

4.600 EUR = 5.400 EUR + 800 EUR
(Operatives Ergebnis = (Operatives Ergebnis + Fremdkapitalzinsen) – Fremdkapitalzinsen)

Durch die Änderung beim Operativen Ergebnis wird der Deckungsbeitrag so verändert, dass die Differenz zwischen Deckungsbeitrag und Fixkosten 4.600 EUR beträgt. Die Fixkosten bleiben konstant.

8.700 EUR = 4.600 EUR + 4.100 EUR
(Deckungsbeitrag = Operatives Ergebnis + Fixkosten)

Durch die Änderung beim Deckungsbeitrag verändern sich Umsatz und Variable, dass die Differenz zwischen den beiden Kennzahlen 8.700 EUR ergibt. Dabei muss das Zahlenverhältnis zwischen dem Umsatz und den variablen Herstellungskosten erhalten bleiben.

26.524,39 EUR = 25.000 EUR · 8.700 EUR / 8.200 EUR
(neuer Umsatz = Umsatz · neuer Deckungsbeitrag / alter Deckungsbeitrag)

17.824,39 EUR = 16.800 EUR · 8.700 EUR / 8.200 EUR
(neue variable Herstellungskosten = variable Herstellungskosten · neuer Deckungsbeitrag / alter Deckungsbeitrag)

Die übrigen Kennzahlen bleiben unverändert.

Ergebnis

Das Ergebnis dieser Rechnung drückt aus, dass der Umsatz auf 26.524,39 EUR erhöht werden muss, um das gewünschte ROI-Ergebnis in Höhe von 30 Prozent zu erzielen. Dieses Vorgehen bildet nur eine Möglichkeit unter vielen, um das gewünschte ROI-Ergebnis zu erreichen. Beispielsweise kann auch auf anderem Weg »zurückgerechnet« werden, sodass der Umsatz unverändert bleibt, dafür aber die Fixkosten gesenkt werden. Eine weitere

Möglichkeit besteht darin, dass das Vermögen verringert wird und man dadurch eine höhere Umschlaghäufigkeit erzielt. Diese führt wiederum zu einer Steigerung des ROI-Ergebnisses.

	Basisdaten	Alternativplan
ROI	27,22%	30,00%
Umsatzrentabilität	20,42%	22,50%
Operatives Ergebnis + Fremdkapitalzinsen	4.900,00	5.400,00
Operatives Ergebnis	4.100,00	4.600,00
Deckungsbeitrag	8.200,00	8.700,00
Umsatz	25.000,00	26.524,39
variable Herstellungskosten	16.800,00	17.824,39
Fixkosten	4.100,00	4.100,00
Fixe Herstellungskosten	1.600,00	1.600,00
Verwaltungskosten	1.000,00	1.000,00
Vertriebskosten	1.500,00	1.500,00
Fremdkapitalzinsen	800,00	800,00
Nettoerlöse	24.000,00	24.000,00
Umschlagshäufigkeit	1,33	1,33
Vermögen	18.000,00	18.000,00
Working Capital	6.000,00	6.000,00
Umlaufvermögen	6.500,00	6.500,00
kurzfristige Verbindlichkeiten	500,00	500,00
Anlagevermögen	12.000,00	12.000,00

Abb. 2.2-3: Top-Down-Tabelle.

Es existieren zahlreiche Szenarien in der Top-Down-Rechnung, um ein gewünschtes Ziel zu erreichen.

Bei der Top-Down-Rechnung darf nicht nur die ROI-Position verändert werden, wie es das obere Beispiel zeigt, sondern es kann zu jeder Position des Kennzahlensystems ein Wert vorgegeben werden. Dadurch existieren sehr viele Rechenwege, die sich aus dem Schema des Kennzahlensystems herleiten lassen. Die inhaltlichen Beziehungen gemäß des Bottom-Up-Rechenschemas müssen aber immer stimmig und in sich schlüssig bleiben.

Das nachfolgende Beispiel erzeugt Änderungen an alternativen Kennzahlen, um diesen Sachverhalt zu zeigen.

Beispiel: Änderung der Fixkosten

Das Beispiel lässt sich durch die Änderung der Fixkosten fortführen: Es wird davon ausgegangen das nun die Fixkosten 4.510 EUR statt 4.100 EUR betragen:

Berechnung

Die drei Summanden (fixe, Verwaltungskosten, Vertriebskosten), aus denen sich die Fixkosten zusammensetzen, werden so verändert, dass das Zahlenverhältnis unter den Summanden erhalten bleibt.

1,1 = 4.510 EUR / 4.100 EUR
(Veränderungsfaktor = neue Fixkosten / alte Fixkosten)

1.760 EUR = 1.600 EUR · 1,1
(neue fixe Herstellungskosten = fixe Herstellungskosten · Veränderungsfaktor)

1.100 EUR = 1.000 EUR · 1,1
(neue Verwaltungskosten = Verwaltungskosten · Veränderungsfaktor)

1.650 EUR = 1.500 EUR · 1,1
(neue Vertriebskosten = Vertriebskosten · Veränderungsfaktor)

Da die Fixkosten geändert wurden, müssen auch alle Kennzahlen, die oberhalb der Fixkosten in dem Kennzahlensystem stehen, aktualisiert werden. Dies geschieht mittels der Bottom-Up-Rechnung.

2.3 *Performance Management* *

Kennzahlensysteme bestehen bereits seit Beginn des 20. Jahrhunderts und wurden in vielen Variationen verbreitet. Der Wandel der Absatzmärkte von Anbieter- in Käufermärkte führt zu einem Paradigmenwechsel, der das *Business Performance Measurement* hervorgebracht hat.

Steuerung eines Flugzeuges

In diesem Beispiel findet ein Vergleich zwischen der Steuerung eines Flugzeuges und der Steuerung eines Unternehmens statt (Abb. 2.3-1). Die Hauptkennzahlen, wie Sie sie bisher kennengelernt haben, finden ihre Übersetzung in den angezeigten Werten im Cockpit [Haus03].

Abb. 2.3-1: Autopilot einer McDonnell Douglas MD-81 [aboutpixel.de, NovemberMike].

Sie hören folgenden Dialog zwischen Fluggast und Pilot:

Fluggast: »Ich bin überrascht, dass Sie dieses Flugzeug mit nur einem einzigen Instrument steuern. Was zeigt es denn an?«

Pilot: »Die Geschwindigkeit. Ich konzentriere mich nur auf die Geschwindigkeit.«

Fluggast: »Das ist gut. Die Geschwindigkeit ist bestimmt wichtig beim Fliegen. Aber was ist mit der Höhe? Wäre ein Höhenmesser nicht hilfreich?«

Pilot: »Ich habe mich auf die Steuerung der Höhe während der letzten Flüge konzentriert und beherrsche diese Steuerung nun recht gut. Jetzt muss ich mich auf die richtige Geschwindigkeit konzentrieren.«

Fluggast: »Aber ich sehe, dass Sie nicht mal eine Tankanzeige besitzen. Wäre die nicht nützlich?«

Pilot: »Sie haben recht! Benzin ist wichtig, aber ich kann mich nicht auf zu viele Dinge gleichzeitig konzentrieren und diese auch noch gut machen. Daher beschränke ich mich bei diesem Flug auf die Geschwindigkeit. Sobald ich die Geschwindigkeit so ausgezeichnet beherrsche wie die Höhe, beabsichtige ich, mich bei den nächsten Flügen auf den Benzinverbrauch zu konzentrieren.«

Aus diesem Beispiel wird ersichtlich, dass sowohl Flugzeugführung als auch die Führung eines Unternehmens nicht »ceteris paribus« erfolgen kann, d. h. nur durch Variation einer Stellgröße. Bei der Steuerung müssen alle relevanten Parameter erfasst, dargestellt und adäquat verändert werden. Betrachten Sie z. B. das ROI Rechenschema, so liegt hierbei der Fokus auf dem Ergebnis pro eingesetztem Kapital. Andere Zielgrößen werden hierbei höchstens am Rande beachtet.

Hier setzt das ***Performance Management*** an und versucht, durch gleichzeitige Betrachtung mehrerer Kenngrößen eine ausgewogene Führung zu ermöglichen [Dres07]. Die Analogie des Flugzeugbeispiels fließt dabei auch in die Terminologie von *Business Intelligence* Anwendungen zur Unterstützung des *Performance Managements* ein. So wird der Führungsperson ein *Management Cockpit* oder ***Dashboard*** eingerichtet, welches einer Instrumententafel gleicht und sämtliche *Kennzahlen* nebeneinander darstellt.

Ein prominenter Vertreter innerhalb des *Performance Managements* ist die *Balanced Scorecard* [KaNo96] (Abb. 2.3-2).

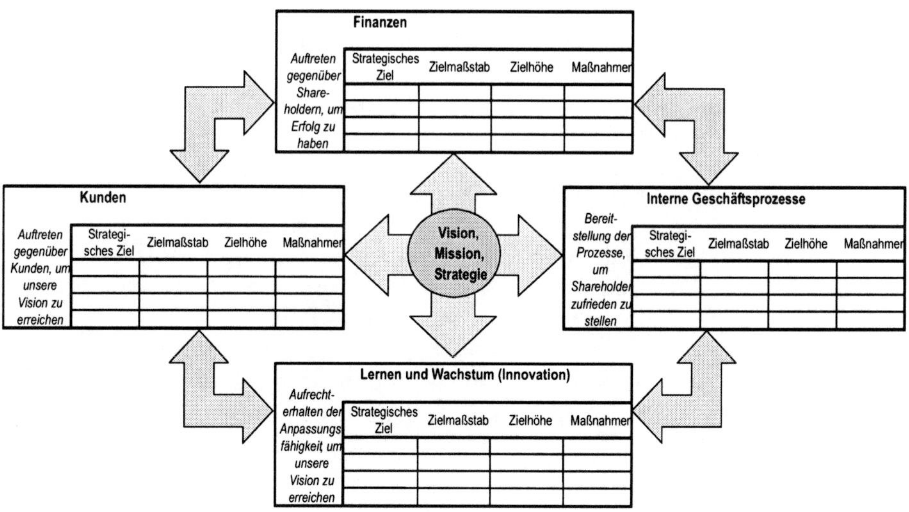

Abb. 2.3-2: Schematischer Aufbau einer *Balanced Scorecard*.

Die ***Balanced Scorecard*** besteht aus vier unterschiedlichen Perspektiven auf das Unternehmen:

- Finanzperspektive
- Kundenperspektive
- Interne Geschäftsprozessperspektive
- Lern- und Wachtumsperspektive (Innovation)

Die einzelnen Perspektiven basieren gemeinsam auf der Vision, der Mission und der Strategie des Unternehmens. Dadurch ist eine Konsistenz der Randbedingungen sichergestellt. Jede Perspektive repräsentiert ihrerseits ein eigenes Kennzahlensystem. Die Perspektiven stehen untereinander in Wechselwirkung, sodass die Finanzen, die Kundenbeziehungen, die Geschäftsprozesse und die Innovationsprozesse harmonisiert sind.

Die *Balanced Scorecard* unterstützt den Prozess, aus den Kennzahlen operative Maßnahmen direkt abzuleiten und unterscheidet sich auch dadurch von den klassischen Kennzahlensystemen. *Balanced Scorecards* finden Einsatz auf verschiedenen Unternehmensebenen. Sie können zur Steuerung für das gesamte Unternehmen, für einzelne Teilbereiche oder auch für den einzelnen Mitarbeiter eingesetzt werden. Die Ziele einer untergeordneten Organisationseinheit bilden die Mittel, die von der übergeordneten Organisationseinheit erstellten Vorgaben zu erreichen. Damit dient die *Balanced Scorecard* als durchgängiges Führungsinstrument [Horv98].

Balanced Scorecard einer Fluglinie

Eine europäische *Low-Cost*-Fluggesellschaft möchte ihre Position am Markt weiter verbessern und entwickelt auf Basis der Unternehmensvision und -mission eine *Balanced Scorecard* zur Steigerung der operativen Effizienz. Die Abb. 2.3-3 zeigt die Abhängigkeit der verschiedenen Sichten untereinander, die Zielsetzung der jeweiligen Perspektive und die kennzahlenbasierte Umsetzung durch geplante Aktionen (in Anlehnung an [BSC06]).

Mission: Verpflichtung zu höchster Qualität im Kundenservice, der mit Wärme, Freundlichkeit und Unternehmensbild geleistet wird.
Vision: Nachhaltiger Aufbau der einzigartigen Marktposition - der einzige Niedrigpreis-, Mittelstrecken-, Punkt-zu-Punkt-Verbindungs-, Anbieter in Europa mit hoher Verbindungsfrequenz.

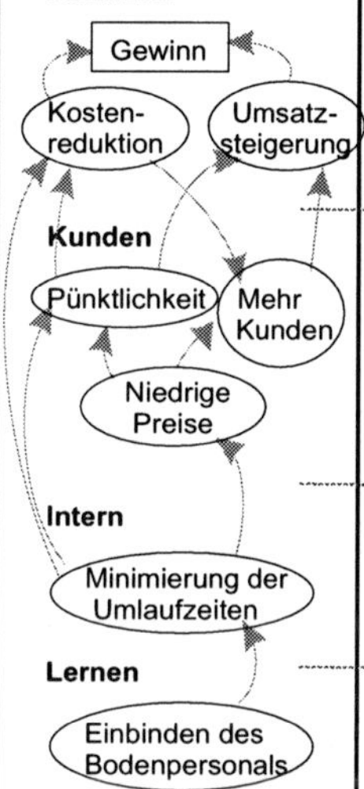

Thema: Operative Effizienz	**Zielsetzung**	**Kennzahlen**	**Zielwerte**	**Aktionen**
Finanzen	- Gewinn - Weniger Fluggerät - Umsatzsteigerung	- Marktwert - Umsatz/Flugsitz - Leasingkosten	- 20% pro Jahr - 15% pro Jahr - 5% pro Jahr	- Routen-optimierung - Weniger Modelle
Kunden	- Flüge sind pünktlich - Niedrige Preise - Mehr Kunden	- Eurocontrol Pünktlichkeits-Rating - Kunden-Ranking - Kundenanzahl	- Marktführer - 97% Zufrieden-heit - 20% Wachstum	- Quality Mgmt. - Kundenbindungs-programm
Intern	- Geringe Standzeiten	- Standzeiten - Pünktlichkeit	- < 20 Min. - 95%	- Umlaufzeit-optimierungs-programm
Lernen	- Bodenpersonal einbinden	- % Personal mit Unternehmens-aktien - % des Boden-personals geschult	- 1. Jahr 50% - 2. Jahr 65%	- Mitarbeiter-aktien-programm - Training des Bodenpersonals

Abb. 2.3-3: Beispiel einer *Balanced Scorecard* für einen *Low-Cost-Carrier.*

Zusammenfassend sind die Eigenschaften von traditionellen Kennzahlensystemen und dem *Business Performance Management* tabellarisch (Tab. 2.3-1) gegenübergestellt.

traditionelle Kennzahlensysteme	***Performance Management***
monetäre Ausrichtung (retrospektiv)	Kundenausrichtung (proaktiv)
limitierte Flexibilität: ein System für internen und externen Informationsbedarf	hohe Flexibilität: aus operativen Steuerungserfordernissen abgeleitet
Einsatz zur Überprüfung finanzieller Ziele	Einsatz zur Überprüfung der Strategieumsetzung und Handlungsauslöser für weitere Verbesserung
Kostenreduktion	Leistungsverbesserung
vertikale Berichtsstruktur	horizontale Berichtsstruktur
fragmentiert	integriert
Kosten, Ergebnisse und Qualität isoliert bewertet	Qualität, Auslieferung, Zeit und Kosten simultan bewertet
unzureichende Abweichungsanalyse	Abweichungen direkt zugeordnet (Bereich, Personal)
individuelle Leistungsanreize	Team-/Gruppenbezogene Leistungsanreize
individuelles Lernen	Lernen der Organisation

Tab. 2.3-1: Gegenüberstellung von traditionellen und neueren Kennzahlensystemen.

2.4 Planungskoordination *

Top-Down und Bottom-Up sind zwei entgegengesetzte Planungsverfahren. Während die Top-Down-Planung beim Management beginnt und von oben nach unten einen Konzern durchwandert, beginnt die Bottom-Up-Planung an der operativen Basis und reicht die Ergebnisse nach oben weiter. Die Kombination beider Ansätze vereinigt die Stärken beider Verfahren und führt zu einer effektiven Planung. Diese Synthese bezeichnet man als Gegenstrom-Methode.

Top-Down-Planung

Im Planungsverfahren definiert die Top-Down-Methode das Erstellen von Zeit- und Kostenplanungen ohne Konkretisierung im Detail. Die Analyse erfolgt »von oben nach unten«. Es wird zunächst das makroökonomische Umfeld sowie das Branchenumfeld betrachtet, bevor das einzelne Unternehmen analysiert wird.

Bei der Top-Down-Methode entwirft der Planer auf oberster Ebene Rahmenpläne, welche von den nachfolgenden Ebenen in Teilpläne zerlegt und präzisiert werden. Diese Teilpläne sind dann wieder Rahmenpläne für die Folgeebene. Der Vorteil dieses Planungsverlaufes liegt in der stringenten Durchführung. Nachteilig wirkt sich die fehlende vertikale Koordination aus, für die zusätzliche Rückkopplungen erforderlich sind. Zudem können auf unteren Ebenen Konflikte auftreten, weil die Mitarbeiter das Gefühl haben, »verplant« worden zu sein.

Bottom-Up-Planung

Als Planungsverfahren bezeichnet Bottom-Up das Erstellen eines im Detail ausgearbeiteten Plans »von unten nach oben«. Zuerst liefern die einzelnen Abteilungen und Unternehmensbereiche separate Planzahlen, bevor die Aggregation über das Gesamtunternehmen oder den Gesamtkonzern betrachtet wird.

Die von der jeweils unteren Ebene erarbeiteten Teilpläne werden auf der nächsten höheren Ebene koordiniert. Hierbei wirkt sich die Verbindung von Planungs- und Realisierungsverantwortung auf die Mitarbeiterakzeptanz positiv aus, es entsteht eine Identifikation mit den Planungsinhalten. Jede Abteilung in einer Firma arbeitet an dem Gesamtplan mit.

Neben der vertikalen Planung erfordert die Bottom-Up-Planung eine horizontale Koordination der Teilpläne auf jeder Planungsebene. Die mangelnde Gesamtsichtorientierung der eingereichten Detailpläne kann zu Planinkonsistenzen führen.

Gegenstrom-Methode

Die **Gegenstrom-Methode** verbindet Bottom-Up- und Top-Down-Ansatz. Zuerst erstellt das Unternehmen einen Rahmenplan. Dieser Rahmenplan lässt sich in Teilpläne zerlegen, welche dann vertikal von oben nach unten (Top-Down) durch die Ebenen des Unternehmens auf ihre Realisierbarkeit überprüft werden. Die überprüften Teilpläne gelangen mit Verbesserungsvorschlägen und neuen Ideen von unten nach oben, Bottom-Up wieder zum Management. Das Management kann die Pläne nun auswerten und koordinieren. Danach beginnt der Kreislauf wieder von vorne.

Die Abb. 2.4-1 verdeutlicht sowohl die **Gegenstrom-Methode** (vertikale helle Pfeile), als auch das Konzept

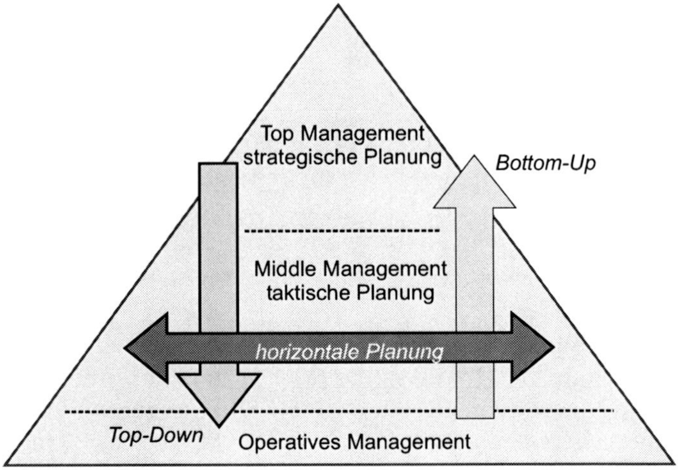

Abb. 2.4-1: Horizontale und vertikale Planung mit Gegenstrom-Methode.

der **horizontalen Planung** (dunkler Doppelpfeil). Die Gegenstrom-Methode erfolgt in zwei Phasen:

1 Vorlauf: Die Vorgabe des Top-Managements wird an die unteren Ebenen kommuniziert. Dabei erfolgt zunächst eine Aufteilung auf die Bereiche des Mittleren Managements, die ihre Teilvorgaben wiederum auf die einzelnen Abteilungen herunterbrechen. Der gesamte Vorgang wird durch den mittelgrauen vertikalen Top-Down-Pfeil repräsentiert.

2 Rücklauf: Die einzelnen Ebenen versuchen, der Vorgabe bestmöglich zu entsprechen. Operative Randbedingungen können allerdings dazu führen, dass die Vorgaben und die Einschätzung der Untereinheit voneinander abweichen. Die korrigierte Einschätzung wird mit einer Begründung im Bottom-Up-Verfahren nach oben kommuniziert und verdichtet.

Die Planung erfolgt auf der Basis einzelner oder mehrerer Kennzahlen. Wichtige Kennzahlen für die Planung bilden:

- Menge
- Umsatz
- Deckungsbeitrag
- Rentabilität

Strategische Planung

Das Ziel der strategischen Planung ist die Sicherung des dauerhaften Bestandes von Produkten und Dienstleistungen. Produkte und Märkte sowie eingesetzte Technologien sollten kritisch hinterfragt werden, Wettbewerbsvorteile ermittelt und künftige Bedingungen am Markt oder in der Umwelt sowie im Unternehmen prognostiziert werden. Anhand dieser Kriterien sind strategische Ziele einer Planung zu bilden.

Operative Planung

Unter dem Begriff der operativen Planung werden alle kurzfristigen Planungsmaßnahmen zur Erreichung der Unternehmensziele in Abgrenzung zur längerfristigen strategischen Planung zusammengefasst.

Die operative Planung hat die Ziele der strategischen **Planung** in konkrete Programme und Aktionspläne umzusetzen. Zu berücksichtigen ist dabei die konkrete Ausgangslage sowie die Festlegung der personellen, finanziellen, technischen und organisatorischen Ressourcen. Die operative Planung setzt sich aus verschiedenen Teilbereichen wie Controlling, Arbeitsplanung, Plankostenrechnung oder Marketing zusammen.

Planungssysteme in größeren Unternehmen beinhalten häufig mehrere Millionen zu planende Kennzahlen, sodass Planungen nur teilautomatisiert durchführbar sind [Enge02b]. Die Auflösung der Inkonsistenzen innerhalb der Planung erfordert neben der reinen Aggregation (Bottom-Up) und Verteilung (Top-Down) von Planwerten weitere Operationen. *Business Intelligence* Werkzeuge automatisieren den Planungsprozess und bieten spezielle Operationen an, die die Konflikte auflösen.

2.5 Externes Rechnungswesen *

Das externe Rechnungswesen dient dazu, die finanzielle Situation des Unternehmens für die Öffentlichkeit abzubilden. Zu ihr gehören neben der Buchführung die Inventur, die Bilanz und der Jahresabschluss. Buchführung wird durch operative Systeme realisiert. Dabei müssen die Unternehmen die jeweiligen Rechnungslegungsvorschriften des HGB, IFRS oder US-GAAP berücksichtigen.

Wie ist ein Rechnungswesen aufgebaut? Das Rechnungswesen besteht aus zwei Teilgebieten, dem externen und internen Rechnungswesen:

- Das **externe Rechnungswesen** (oder pagatorisches Rechnungswesen genannt) dient vorwiegend als Informationslieferant für Personen außerhalb des Unternehmens.
- Das interne Rechnungswesen (oder auch kalkulatorisches Rechnungswesen, engl. *Controlling*, genannt) beschäftigt sich hauptsächlich mit der Kalkulation, Steuerung und Planung.

Das externe Rechnungswesen gliedert sich in mehrere Bestandteile. Der Schwerpunkt des externen Rechnungswesens liegt in der Buchführung.

Buchführung

Unter **Buchführung** versteht man die planmäßige und lückenlose Aufzeichnung aller Geschäftsvorfälle des Unternehmens. Sie hat darüber hinaus die Aufgabe, die Unternehmensleitung bzw. außen stehende Personen und Institutionen zu informieren. Eine Übersicht, welche weiteren Aufgaben die Buchführung für wen übernimmt, zeigt die Abb. 2.5-1.

Inventurarten

Jedes Unternehmen ist verpflichtet, mindestens einmal im Jahr eine Inventur durchzuführen. Die Inventur ist eine körperliche Bestandsaufnahme des Inventars im Unternehmen. Man unterscheidet vier verschiedene Arten der Inventur:

- (Zeitnahe) Stichtagsinventur:
  Die zeitnahe Stichtagsinventur darf bis zu zehn Tagen vor bzw. nach dem offiziellen Bilanzstichtag am 31.12. erfolgen. Hierbei gilt, dass die Bestandsveränderungen, die sich zwischen der Inventur und dem Bilanzstichtag eventuell ergeben, fortgeschrieben bzw. zurückgerechnet werden.
- Permanente Inventur:
  Die permanente Inventur wird das ganze Jahr fortlaufend ausgeführt. Sie wird meist durch Computer unterstützt. Dadurch ist es nicht notwendig, eine Inventur am Bilanzstichtag durchzuführen. Auf eine körperliche Bestandsaufnahme darf aber dennoch nicht verzichtet werden. Sie muss dann zu einem beliebigen anderen Zeitpunkt innerhalb des Jahres vorgenommen werden.

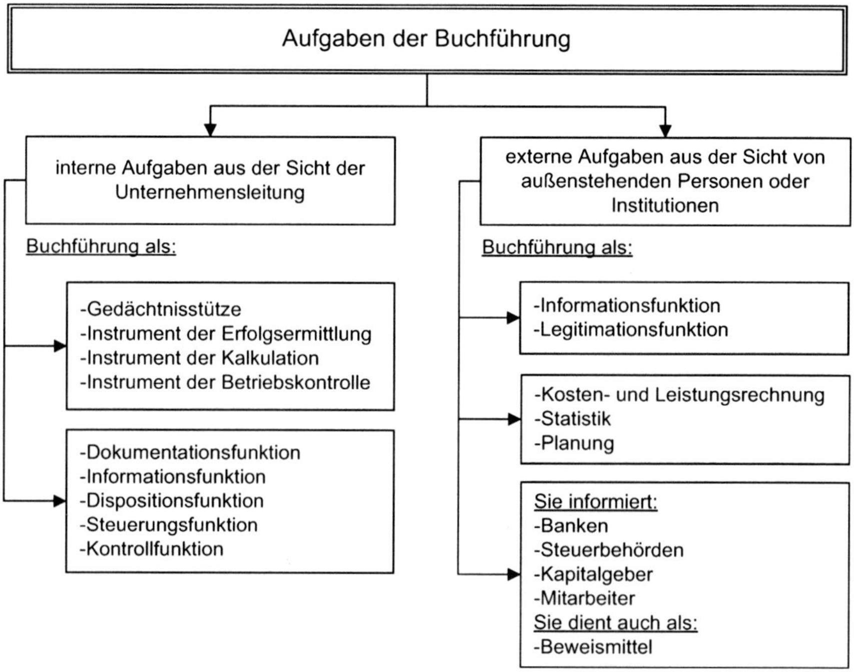

Abb. 2.5-1: Aufgaben der Buchführung.

- Zeitlich verlegte Inventur:
  Diese Form der Inventur wird innerhalb von drei Monaten vor oder innerhalb von zwei Monaten nach dem Bilanzstichtag durchgeführt. Auch bei dieser Form müssen die Bestandsänderungen zum Bilanzstichtag hin berücksichtigt und korrigiert werden.
- Stichprobeninventur:
  Diese Inventur, auch mathematisch-statistische Inventur genannt, greift auf statistische Methoden zurück. Der Wert der Güter wird anhand von Stichproben ermittelt und dann hochgerechnet.

Durch Diebstahl oder Verderb der Waren ist es notwendig, dass die Sollwerte durch die Inventur überprüft und gegebenenfalls aktualisiert werden.

Bilanz

Die erhobenen Werte der Inventur werden anschließend in die **Bilanz** geschrieben. Sie ist zum Ende eines jedes Geschäftsjahres des Unternehmens zu erstellen. In dieser werden die Vermögensgegenstände als auch die liquiden Mittel auf die linke Seite der Bilanz eingetragen. Die Kredite von Banken und die Verbindlichkeiten gegenüber Lieferanten werden in der Bilanz dem Vermögen gegenübergestellt. Somit entsteht eine Art Tabelle in Kontenform. Einen groben Aufbau einer Bilanz nach §266 HGB zeigt die Abb. 2.5-2.

Aktiva	**Passiva**
A. Anlagevermögen	A. Eigenkapital
I. Immaterielle Vermögensgegenstände	I. Gezeichnetes Kapital
II. Sachanlagen	II. Kapitalrücklagen
III. Finanzanlagen	III. Gewinnrücklagen
	IV. Gewinn-/Verlustvortrag
	V. Jahresüberschuss/fehlbetrag
B. Umlaufvermögen	
I. Vorräte	B. Rückstellungen
II. Forderungen	
III. Wertpapiere	C. Verbindlichkeiten
IV. Kassenbestand	
	D. Rechnungsabgrenzungsposten
C. Rechnungsabgrenzungsposten	

Abb. 2.5-2: Struktureller Aufbau einer Bilanz.

Wie aus der Abb. 2.5-2 ersichtlich ist, besteht die Bilanz aus zwei Seiten. Die linke Seite, auch Aktiva genannt, setzt sich nochmals durch drei Positionen zusammen. An erster Stelle steht das Anlagevermögen. Hier sind nur solche Gegenstände auszuweisen, die dazu bestimmt sind, dauerhaft dem Unternehmen zu dienen. Dazu gehören u. a. neben Grundstücken auch Maschinen. Ein weiterer Posten auf der Aktivseite ist das Umlaufvermögen. Zu diesem zählen alle »beweglichen« Sachen, wie z. B. die Betriebs- und Geschäftsausstattung, Rohstoffe, der Fuhrpark oder Wertpapiere. Mit dem unter Punkt C aufgeführten Begriff Rechnungsabgrenzungsposten werden die Ausgabenteile beschrieben, die sich erst in der nächsten Periode als Einnahmen auswirken.

Auf der rechten Seite der Bilanz findet man die Passiva. Die erste Position der Passivseite der Bilanz bildet das Eigenkapital. In ihr sind alle angelegten Mittel der Eigentümer enthalten. Sie setzt sich hauptsächlich aus dem eingezahlten

Kapital zusammen. Unter dem Eigenkapital wird das Fremdkapital gelistet. Hierzu zählen die Rückstellungen z. B. für eventuelle Garantiefälle. Unter dem Rückstellungsposten erscheinen die verschiedenen Arten der Verbindlichkeiten, wie z. B. diejenigen gegenüber Kreditinstituten oder aus Lieferung und Leistungen. Den nächsten Posten auf der Passivseite der Bilanz bilden die Rückstellungen. Diese sollen drohende Verluste aus schwebenden Geschäften auffangen. Wie bei der Aktivseite gibt es auch auf der Passivseite einen Rechnungsabgrenzungsposten. Er besitzt ebenfalls die Aufgabe, Aufwandsteile aufzulisten, die erst in der nächsten Periode als Ausgaben verbucht werden.

Kontenarten

Alle Posten der Bilanz werden für die Geschäftsvorfälle in Konten geführt. Dazu muss zunächst ein **Eröffnungsbilanzkonto** erstellt werden. Hierbei wird die Bilanz »gespiegelt«, d. h. die Posten auf der linken Seite wandern auf die Haben-Seite und die Posten der rechten Seite wandern auf die Soll-Seite. Durch das Buchungsprinzip »Soll an Haben« werden somit die Beträge aus der Haben-Seite des Eröffnungsbilanzkonto auf die Soll-Seite der **Bestandskonten** gebucht. Durch Verwendung der Bestandskonten muss nicht für jeden Geschäftsfall eine neue Bilanz erstellt werden. Zu den Bestandskonten gehören z. B. das Bankkonto, der Fuhrpark, die Betriebs- und Geschäftsausstattung, die Maschinen, die Grundstücke etc. Das Einrichten eines Eröffnungsbilanzkontos ist von wichtiger Bedeutung, da der Anfangsbestand und die Mehrungen der Aktivkonten (wie z. B. Bank, etc.) immer im Soll stehen, während die Minderungen und der Endbestand im Haben stehen. Würde man die »Spiegelung« nicht durchführen, so würden sämtliche Beträge der Aktiva durch das Buchungsprinzip »Soll an Haben« auf die verkehrte Seite der Bestandskonten gebucht werden. Bei Passivkonten verhält es sich genau umgekehrt. Hier stehen der Anfangsbestand und die Mehrungen im Haben und die Minderungen und der Endbestand im Soll.

Sind alle Geschäftsvorfälle des Jahres auf die Bestandskonten gebucht worden, müssen die Konten abgeschlossen werden. Dazu benötigt man den Gegenpart zum Eröffnungsbilanzkonto, das **Schlussbilanzkonto**. Hier werden alle Endbestände sämtlicher Aktivkonten auf die Soll-Seite gebucht. Analog dazu werden alle Endbestände der Passivkonten auf die Haben-Seite verbucht. Dadurch entsteht wieder das gewohnte Bild einer Bilanz. Ein erwirtschafteter Gewinn steht auf der Haben-Seite, ein Verlust auf der Soll-Seite. Das Schlussbilanzkonto des aktuellen Geschäftsjahres ist immer das Eröffnungsbilanzkonto des nächsten Jahres. So schließt sich der Kreis und der Buchungsprozess kann erneut beginnen.

Es gibt allerdings neben den Bestandskonten, die für die Anfangs- und Endbestände zuständig sind, auch die **Erfolgskonten**, auf denen die Aufwendungen und Erträge des laufenden Geschäftsjahres gebucht werden. In ihnen werden nur erfolgswirksame Geschäftsvorfälle gebucht. Sie besitzen keinen Anfangsbestand, da es am Anfang eines jeden Jahres keine Bestände gibt. Wenn sich das Geschäftsjahr dem Ende neigt, müssen auch diese Konten abgeschlossen werden. Dazu findet das **Gewinn- und Verlustkonto** (kurz: GuV) Anwendung. Alle Ertragskonten werden auf die Haben-Seite und alle Aufwandskonten auf die Soll-Seite des Gewinn- und Verlustkontos gebucht. Die Differenz, die sich zwischen den Erträgen und den Aufwänden ergibt, wird auf das Eigenkapitalkonto gebucht. Sie wirkt sich somit aktiv auf das Eigenkapital aus.

Kontenrahmen

Um eine Standardisierung der Kontennamenbezeichnungen zu gewährleisten, gibt es für die verschiedenen Wirtschaftszweige passende **Kontenrahmen**. Jedes einzelne Bestands- oder Erfolgskonto, sowie das Eröffnungs- und Schlussbilanzkonto besitzt eine vierstellige Nummer, die sie eindeutig identifiziert. Der Kontenrahmen gliedert sich zunächst in neun **Kontoklassen**. Dies spiegelt die erste Ziffer wider. Die zweite Ziffer gibt Auskunft, zu welcher **Kontogruppe** der Posten gehört. Die Kontengruppen werden nochmals in **Kontountergruppen** unterteilt. Die vierte und letzte Ziffer der Posten gibt schließlich an, welches **Konto** genau gemeint ist. Die Gliederung wird somit immer spezifischer je weiter man in der Gliederung geht.

Neben der Empfehlung solche Kontenrahmen zu verwenden, gibt es noch weitere Vorschriften, die ein Unternehmen zu befolgen hat. In Deutschland ist für Kaufleute das **Handelsgesetzbuch (HGB)** von Bedeutung. In ihm ist festgelegt, welche Personengruppen z. B. zur Buchführung verpflichtet sind. Ebenso ist dort festgehalten, dass ein Geschäftsjahr den Zeitraum von zwölf Monaten nicht überschreiten darf. Neben diesen Gesetzen existieren die GoB's, die **Grundsätze ordnungsgemäßer Buchführung**. Die GoB's sind allgemein anerkannte Regeln über das Führen von Handelsbüchern. Auch sie sind im HGB niedergeschrieben. Das HGB schreibt ferner den Grundsatz der Vergleichbarkeit der Jahresbilanzpositionen aus den verschiedenen Perioden vor. Ein weiterer Grundsatz besagt, dass alle buchungsfähigen und gegebenenfalls auch nicht buchungsfähigen Vorgänge zu erfassen sind (Vollständigkeitsprinzip).

Durch die zunehmende Globalisierung sehen sich große Unternehmen veranlasst, international vergleichbare Buchführungs- und Bilanzierungsstandards zu verwenden. Im nordamerikanischen Raum findet die Bilanzierung i.d.R. nach dem **US-GAAP** Standard statt. In neuerer Zeit verbreitet sich der weltweit anerkannte Standard **IAS/IFRS**. Insbesondere börsennotierte Unternehmen sind gezwungen, in dem am Börsenplatz vorgeschriebenen Bilanzierungsstandard zu berichten.

Wenn alle Buchungen in dem Schlussbilanzkonto abgeschlossen sind, wird die Bilanz als Dokumentation in einem **Jahresabschluss** erfasst. Er dient der Rechnungslegung gegenüber den Gläubigern eines Unternehmens. Um die Jahresabschlüsse der Unternehmen vergleichen zu können oder zu veröffentlichen, wurde ein Sprachstandard für das »*Financial Reporting*«, die **XML** basierte XBRL, verabschiedet. XBRL steht für ***eXtensible Business Reporting Language***. So ist es mit diesem Standard möglich, dass Unternehmen ihre Daten aufbereiten und syntaktisch geprüft an verschiedene Empfänger z.B. Kreditgeber, Wirtschaftsprüfer oder Behörden weiterleiten können.

Eine wichtige Aufgabe der *Business Intelligence* besteht in der Bereitstellung von formatierten Berichten nach den gültigen Bilanzierungsstandards für den Jahresabschluss oder den geplanten Jahresabschluss.

2.6 Konzernkonsolidierung *

Die Konzernkonsolidierung ist der bereinigte Jahresabschluss für Konzerne. Aufgrund der Einflussnahme des Mutterunternehmens auf seine Tochterunternehmen unterscheidet man zwischen drei Konsolidierungsformen, die sich nochmals untergliedern. Unternehmen, die auch im Ausland tätig sind, müssen die internationalen Rechnungslegungen befolgen, wobei hier das Problem der verschiedenen Währungen auftritt.

Während im Kapitel »Externes Rechnungswesen«, S. 31, auf die Jahresabschlüsse einzelner eigenständiger Unternehmen eingegangen wurde, handelt es sich hier um den Jahresabschluss eines Konzerns. Ein Konzern ist als fiktive rechtliche Einheit anzusehen. Er ist somit eine wirtschaftliche Zusammenfassung rechtlich selbständiger Unternehmen unter einer einheitlichen Leitung. Deshalb versteht man unter einer Konzernkonsolidierung die Zusammenfassung von Einzelabschlüssen der Unternehmen, die zum gleichen Mutterkonzern gehören.

Vollkonsolidierung

Es werden verschiedene Konsolidierungsformen unterschieden. Welche konkrete Form für die Konsolidierung gewählt wird, hängt von der Höhe der Beteiligung an den Tochterunternehmen und der möglichen Einflussnahme der Muttergesellschaft ab. Zunächst wird hier die **Vollkonsolidierung** beschrieben. Vollkonsolidierung bedeutet, dass die Bilanz- und GuV-Positionen in voller Höhe der Tochterunternehmen übernommen werden, sofern die Unternehmensanteile zwischen 50 Prozent und 100 Prozent liegen. Hierbei werden die Einzelabschlüsse der Tochterunternehmen mit dem des Mutterkonzerns addiert. Dabei verliert der Abschluss jedoch an Aussagekraft, da sämtliche Positionen doppelt erfasst werden. Um dieses zu beheben, besteht die Vollkonsolidierung aus vier Konsolidierungsarten:

- Kapitalkonsolidierung
- Schuldenkonsolidierung
- Zwischenergebniskonsolidierung
- und Aufwands- und Ertragskonsolidierung

Doch bevor man einen solchen Konzernabschluss erstellt, bestimmt man generell im sogenannten **Konsolidierungskreis** die einzubeziehenden Konzernunternehmen.

Kapitalkonsolidierung

Da bei der Vollkonsolidierung die Einzelabschlüsse der Unternehmen mit dem Mutterkonzern zusammenaddiert werden, wird somit auch das Eigenkapital der Tochterunternehmen mit dem Kapital des Mutterkonzerns doppelt erfasst. Damit solche Kapitalverflechtungen realitätsgemäß abgebildet werden, müssen die Elemente der wechselseitigen Beziehung beseitigt werden. Ein Beispiel mit einer fünfzig- bis hundertprozentigen Beteiligung des Mutterunternehmens an der Tochter zeigt die Abb. 2.6-1. Die Vollkonsolidierung kann nach zwei verschiedenen Methoden durchgeführt werden, nämlich nach der Erwerbsmethode oder der »*Pooling-of-interests*«-Methode. Bei der Erwerbsmethode wird das gesamte anteilige Kapital der Tochterunternehmen einschließlich offener Rücklagen und stiller Reserven verrechnet, während bei der »*Pooling-of-interests*«-Methode nur das gezeichnete Kapital verrechnet wird. Eventuelle Differenzbeträge werden dann mit den Rücklagen verrechnet.

Bilanz des Mutterunternehmen (MU)

Anlageverm.	700	Eigenkapital	400
Umlaufverm.	500	Fremdkapital	1000
Beteiligung TU	200		
	1400		1400

Bilanz des Tochterunternehmen (TU)

Anlageverm.	400	Eigenkapital	200
Umlaufverm.	300	Fremdkapital	500
	700		700

⇩

Konzernbilanz

Anlageverm.	1100	Eigenkapital	400
Umlaufverm.	800	Fremdkapital	1500
	1900		1900

Abb. 2.6-1: Kapitalkonsolidierung in T-Kontenform.

Schulden-konsolidierung

Die Schuldenkonsolidierung dient der Eliminierung konzerninterner Schuldverhältnisse. In dieser Form der Konsolidierung werden somit alle Verbindlichkeiten und Forderungen, die innerhalb des Konzerns anfallen, beseitigt. Da ein Konzern (als rechtliche Einheit) keine Forderungen und Verbindlichkeiten gegen sich selbst stellen kann, werden nur Forderungen und Verbindlichkeiten gegenüber konzernfremden Dritten in der Bilanz als solche ausgewiesen.

Zwischen-ergebnis-eliminierung

Innerhalb eines Unternehmens können keine Gewinne oder Verluste aus Lieferungen und Leistungen entstehen. Deshalb müssen auch hier die ausgewiesenen Gewinne oder Verluste der Tochterunternehmen eliminiert werden. Wichtig hierbei ist, dass es sich nur um Vermögensgegenstände handeln darf. Leistungen werden in der Aufwands- und Ertragskonsolidierung erfasst.

Aufwands- und Ertrags-konsolidierung

Wie schon bei der Vollkonsolidierung erläutert, werden auch die Aufwände und Erträge der **Gewinn- und Verlustrechnung (GuV)** doppelt erfasst. Diese müssen in dieser Form der Konsolidierung verrechnet werden, sofern sie nicht als Bestandserhöhung an fertigen bzw. unfertigen Erzeugnissen angegeben sind.

Quoten-konsolidierung

Eine weitere Form der Konsolidierung ist die **Quotenkonsolidierung**. Diese Konsolidierungsform wird bei Gemeinschaftsunternehmen angewandt. Gemeinschaftsunternehmen sind Unternehmen, die sowohl vom Mutter- oder Tochterunternehmen und mindestens einem anderen nicht dem Konzern zugehörigen Unternehmen geführt werden. Es wird somit von mindestens zwei Gesellschaftsunternehmen gemeinschaftlich gleichberechtigt geleitet. Wie auch die Vollkonsolidierung umfasst die Quotenkonsolidierung die Kapital-, Schulden-, Zwischenergebnis- sowie die Aufwands- und Ertragskonsolidierung, wobei hier das Eigenkapital, die Schulden etc. entsprechend den Anteilen des Gemeinschaftsunternehmens aufgeteilt werden.

Equity-Konsolidierung

Eine dritte Konsolidierungsform ist die **Equity-Konsolidierung**. Diese Form wird von assoziierten Unternehmen gewählt. Solche Unternehmen werden, wie auch die Gemeinschaftsunternehmen, von mehreren anderen Unternehmen geleitet. Allerdings besteht hier der Unterschied, dass diese untereinander nicht gleichberechtigt sind. Deshalb übt mindestens ein Unternehmen einen maßgeblichen Anteil an den geschäfts- oder finanzpolitischen Entscheidungen aus.

Die Abb. 2.6-2 zeigt eine kleine Übersicht über die Unternehmensformen und ihre Möglichkeiten der Konsolidierung.

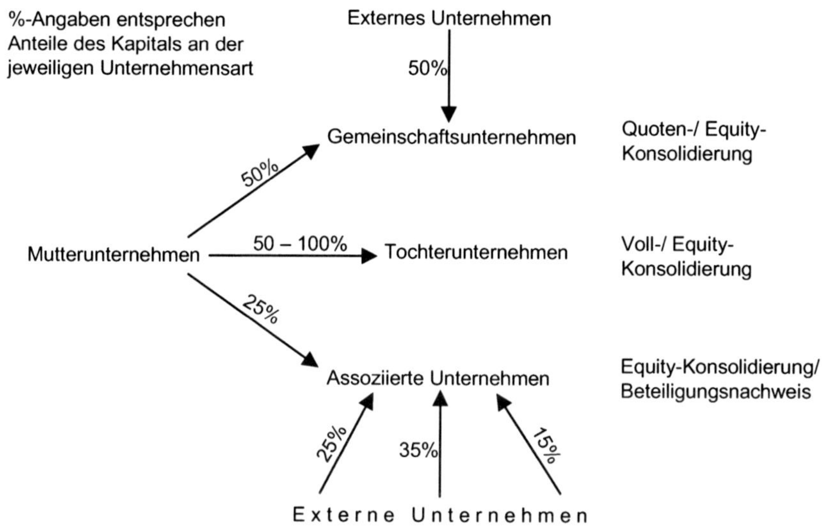

Abb. 2.6-2: Übersicht der Unternehmens- und Konsolidierungsformen.

Normensysteme

Damit die Konsolidierung geordnet erstellt wird, gibt es drei weit verbreitete verschiedene Standards, nach denen ein Konzernabschluss erstellt werden kann. Zunächst existiert die nationale Variante z. B. nach dem **Handelsgesetzbuch (HGB)** in Deutschland. Diese Form ist für alle Unternehmen maßgebend, die in der nationalen Wirtschaft tätig sind. Im Zuge der Globalisierung ist es für größere Unternehmen allerdings nicht mehr möglich, ihre Produkte nur in der inländischen Wirtschaft zu vermarkten. Deswegen muss dann der Konzernabschluss nach internationalem Recht erstellt werden. Für diese Art der Rechnungslegung finden die *International Financial Reporting Standards* (IFRS), dem Nachfolger der *International Accounting Standards* (IAS) und für amerikanische Unternehmen die *United States Generally*

Accepted Accounting Principles (**US-GAAP**) in den USA Anwendung.

Der grundlegende Unterschied der beiden internationalen Normensysteme zu dem des HGB liegt hauptsächlich darin, dass der handelsrechtliche Jahresabschluss primär der Ermittlung des ausschüttungsfähigen Jahreserfolges dient. Nach **IAS/IFRS** und US-GAAP steht die Ermittlung des betriebwirtschaftlichen Erfolgs im Mittelpunkt. Ein weiterer Unterschied liegt in der Gruppe der Adressaten, für den der Abschluss erstellt wird. Gläubiger, Eigentümer und Steuerbehörden sind die Hauptadressaten beim HGB-Abschluss. Investoren dagegen beim US-GAAP und IAS/IFRS. Neben dieser Differenzierung bestehen weitere Unterschiede in der Vermögensbewertung oder bzgl. der Controlling-Instrumente. Im Folgenden werden Kennzeichen der internationalen Rechnungslegungsnormen beschrieben. Von ihrem Aufbau und ihrer Struktur her ähneln sich IAS/IFRS und US-GAAP.

IAS/IFRS

Die IAS/IFRS besteht zurzeit aus 41 IAS (*core standards),* 6 IFRS Standards sowie aus einem Framework. Die IAS/IFRS enthält die Bilanzierungs- und Bewertungsvorschriften sowie deren Gliederung. Die IAS/IFRS gelten grundsätzlich für alle Unternehmen unabhängig von ihrer Größe oder Rechtsform. Ziel der Darstellung ist, die Abschlüsse kapitalmarktorientierter Unternehmen besser vergleichen zu können. Diese Standards werden jährlich überarbeitet. Alle Unternehmen innerhalb der EU, deren Wertpapiere zum Handel in einem geregelten Markt zugelassen sind, müssen die IAS/IFRS anwenden.

US-GAAP

US-GAAP bildet die Bezeichnung für die amerikanischen Rechnungslegungsvorschriften. US-GAAP besteht aus einer Vielzahl genereller Prinzipien, einzelfallbezogenen Standards sowie als üblich angenommenen Vorgehensweisen. US-GAAP setzt sich aus vier verschiedenen Hierarchien zusammen, man spricht dabei vom ***House of GAAP***. Obwohl US-GAAP eigentlich nur für amerikanische Unternehmen gedacht ist, stellen einige Unternehmen in Europa ihre Buchhaltung nach US-GAAP um, da sie sich auch dem amerikanischen Kapitalmarkt anbieten wollen.

Währungsumrechnung

Dadurch, dass die Unternehmen sich auf internationale Märkte begeben, tritt das Problem der Währungen auf. So koexistieren in Europa neben dem Euro noch das englische Pfund sowie der Schweizer Franken. Der Gesetzgeber verpflichtet jedoch alle Konzerne, auch ausländische Tochterunternehmen in den Konzernabschluss einzubeziehen. Dadurch tritt das Problem von schwankenden Kursen auf. Genau dieses Problem versucht die **Währungsumrechnung** zu lösen. Hierbei gibt es mehrere Umrechnungsverfahren, nach denen ein einheitlicher Kurs gewährleistet werden soll. In Bezug auf die Zeit gibt es drei gängige Wechselkurse: historischer Wechselkurs, Stichtagskurs und Durchschnittskurs. Beim historischen Wechselkurs wird der Kurs genommen, der am Anschaffungs-/ Herstellungstag etc. vorlag. Beim Stichtagskurs wird der aktuelle Devisenkurs am Bilanzstichtag des Konzernabschlusses herangezogen. Wie der Name umschreibt, wird beim Durchschnittskurs ein Monats-, Quartals- oder Jahresdurchschnittskurs gebildet. Neben diesen drei Umrechnungsverfahren gibt es in der Praxis aber noch Weitere.

Aufgrund des Volumens der Berechnungen werden Konsolidierungen nicht manuell berechnet und aufbereitet. Softwarehersteller für Analytische Anwendungen haben sich auf die Konsolidierung spezialisiert. Aggregationen über die Kennzahlen der Organisationseinheiten erfolgen in diesen Systemen nach den Konsolidierungsregeln.

2.7 Zielkostenrechnung *

Die Zielkostenrechnung wurde in den siebziger Jahren in Japan entwickelt und basiert auf dem Konzept des marktorientierten Zielkostenmanagements. Diese Methode wird insbesondere in den frühen Phasen der Produktentwicklung mit dem Ziel eingesetzt, die Kosten zu senken. Die erlaubten Zielkosten leiten sich bei diesem Verfahren aus den marktkonformen Preisen ab. Damit ist gewährleistet, dass die Marktorientierung bereits in die Konstruktion des Produktes eingeht.

Grundlagen der Zielkostenrechnung

traditionelle Produktkalkulation

Bei der traditionellen Produktkalkulation werden die wesentlichen Teilschritte der Komposition des Produktes und der Arbeitsplanung als gegeben vorausgesetzt. Daher entziehen sich diese Schritte weitgehend einer Preisorientierung und sind in klassischer Vorgehensweise eher technisch orientiert. Die Preiskalkulation basiert daher traditionell auf einer reinen Zuschlagskalkulation (*cost-plus-pricing*), bei der die variablen Kosten um den Stückdeckungsbeitrag erhöht werden. Die Summe aus variablen Kosten und **Deckungsbeitrag** ergibt den Produktpreis. Mit diesem Ansatz beantwortet man die Frage: »Was *wird* ein Stück dieses Produktes in der Herstellung kosten?« Inwieweit der so entstehende Preis marktkonform ist, entzieht sich der Betrachtung.

Ansatz der Zielkostenrechnung

Der Ansatz der Zielkostenrechnung geht den umgekehrten Weg. Zunächst wird der marktkonforme Preis bestimmt. Zu diesem Zweck finden Kundenbefragungen z. B. auf Grundlage der *Conjoint Measurement* Methode statt, welche aus einer Menge von verschiedenen Fragen an den Kunden seine Präferenz für einzelne Produktattribute ableitet. Anschließend gewinnt man anhand des marktkonformen Preises durch Abzug des Stückdeckungsbeitrags die erlaubten Kosten. Man beantwortet also die Frage: »Was *darf* ein Stück dieses Produktes in der Herstellung kosten?«. Damit geht die Marktorientierung schon in die Konstruktion des Produktes ein.

Historie

Zielkostenrechnung, in der Literatur häufig *Target Costing* genannt, soll hauptsächlich die Gewinnsituation der Unternehmen festigen, die sich auf wettbewerbsintensiven Märkten befinden. Um dieses Ziel zu erreichen, werden die Stückkosten der Produkte mit Hilfe der Zielkostenrechnung gesenkt [Krem04].

Zielkostenrechnung kann in mehrere Phasen aufgeteilt werden. In der nachfolgenden Darstellung sind drei Phasen aufgeführt, die den Ablauf eines *Target Costing*-Prozesses gliedern.

1. Phase

In der ersten Phase der Zielkostenrechnung wird zunächst ein marktkonformer Preis (Zielpreis) für das herzustellende Produkt ermittelt. Für diese Aufgabe existieren verschiedene Methoden:

- *Market into Company*:
  Der Preis des Produktes wird durch Befragungen von potenziellen Kunden ermittelt. Diese Methode ist stark marktorientiert.
- *Out of Competitor*:
  Der Preis richtet sich nach dem Preis der Konkurrenz.
- *Out of Standard Costs*:
  Unter Betrachtung aller Kostensenkungspotenziale und Konstruktionsänderungen im Produktionsprozess wird der Preis ermittelt.

Des Weiteren wird mit Hilfe der Marktforschung nicht nur der Zielpreis erhoben, sondern es werden auch die Nutzenarten ermittelt und bewertet, die von den Kunden bei dem betrachteten Produkt wahrgenommen werden. Die Marktforschung erhält also auch eine Einstufung der Wichtigkeit der einzelnen Nutzenarten am Gesamtnutzen für den Kunden. Diese werden in prozentuale Anteile der Nutzenart am Gesamtnutzen umgerechnet.

Aufgrund des ermittelten Zielpreises werden die zulässigen Gesamtkosten (Zielkosten) berechnet. Zielkosten ergeben sich aus der Differenz zwischen dem Zielpreis und dem geplanten **Gewinn** für das Produkt. Der Gewinn, in dem Zusammenhang auch *Target Margin* genannt, bemisst sich in der Regel nach der geplanten Umsatzrendite [Krem04].

2. Phase

Ein Produkt besteht in der Regel aus mehreren Komponenten, daher beschäftigt sich die zweite Phase mit der Zielkostenspaltung. Eine zentrale Idee der Zielkostenrechnung besteht nun darin, dass die Produktion dieser Komponente keinen höheren Anteil an den Gesamtproduktionskosten beanspruchen darf als der Anteil dieser Komponente am Gesamtnutzen, d. h. die Kosten werden proportional zum Nutzen auf die verschiedenen Komponenten aufgespalten.

Um den Beitrag einer Komponente am Gesamtnutzen zu ermitteln, werden die Nutzenarten auf die Komponenten verteilt, somit entsteht eine Spaltungsmatrix mit den Nutzenarten in den Zeilen und den Komponenten in den Spalten. Die Gewichtungsfaktoren der einzelnen Komponenten an der Nutzenart werden durch physikalische Messung oder durch Befragung interner Experten ermittelt.

Die Gewichtungsfaktoren werden mithilfe der Prozentanteile der einzelnen Nutzenarten am Gesamtnutzen in Prozentwerte umgewandelt, die dann durch Akkumulation über die Nutzenarten den Anteil der Komponente am Gesamtnutzen ergeben.

Der Anteil der Komponente am Gesamtnutzen stellt zugleich den Anteil der Komponente an den Gesamtzielkosten dar, die am höchsten beansprucht werden dürfen. Somit ergeben sich für jede Komponente des Produktes die erlaubten Kosten, die eingehalten werden müssen.

3. Phase

In der dritten Phase werden die Zielkosten der Komponente mit den Kosten verglichen, die sich bei Anwendung der bisherigen Technologien ergeben würden (*drifting costs*). Aus diesem Vergleich entstehen Kostenlücken, diese können entweder Kostenüberschreitungen oder auch in einigen Komponenten Kostenunterschreitungen sein.

Kostenüberschreitungen ergeben Anstöße zur Kostenreduzierung, dabei müssen die Kosten proportional stärker sinken als der Nutzen. Eine solche Zielkostenüberschreitung zeigt, dass einige Eigenschaften des Produktes von den Kunden nicht honoriert werden. Folglich muss in diesem Fall geprüft werden, welche Kostensenkungsmaßnahmen durchsetzbar sind.

Kostenunterschreitungen sind Reserven, sie können zur Erhöhung des Kundennutzens dieser Komponente verwendet werden. So eine Zielkostenunterschreitung zeigt, dass die betroffene Komponente einen höheren Kundenwert hat als bisher angenommen. Hierbei kann das Unternehmen prüfen, inwiefern mehr Ressourcen eingesetzt werden können, um eine Funktionsverbesserung bei der Komponente zu erzielen.

Fallbeispiel für die Zielkostenrechnung

Anhand dieses Fallbeispieles soll verdeutlich werden, wie die Berechnung der Zielkosten erfolgt. Im Beispiel geht es um einen Pauschalreiseveranstalter, der mittels der Zielkostenrechnung ermitteln will, wie hoch die Kosten für das Angebot einer Pauschalreise höchstens sein dürfen, um einen marktkonformen Preis zu erhalten.

Der marktkonforme Preis für die Pauschalreise wurde mittels der Methode »*Market into Company*« ermittelt. Bei dieser Methode sind die Ergebnisse stark marktorientiert, da die potenziellen Kunden bei der Preisermittlung mit einbezogen werden. Als Ergebnis der Marktanalyse ergibt sich ein Preis für die Pauschalreise in Höhe von 4000 EUR, außerdem sind noch die Nutzarten des Produktes aus Kundensicht bewertet worden.

Die Berechnungen wurden mit einem Tabellenkalkulations-Programm durchgeführt, wie Sie in den nachfolgenden Abbildungen sehen können.

Gewichtung der Nutzenarten nach Kundenbefragung

Der Reiseveranstalter bildet eine Arbeitsgruppe zur Bündelung einer neuen Pauschalreise. Sie kam im Ergebnis einer Experten-/ Kundenbefragung zu folgender Auswahl und Gewichtung der wichtigsten Eigenschaften der Pauschalreise aus der Sicht des Kunden:

- Erreichbarkeit: 5,00 Punkte
- Familienfreundlichkeit: 10,50 Punkte
- Preis (Einkauf): 42,50 Punkte
- Saisondauer: 9,50 Punkte
- Ruhe: 14,00 Punkte
- Unterhaltungsangebot: 13,00 Punkte

Aus den oben angegebenen Punktwerten werden die Kundengewichtungen der Nutzenarten in prozentuale Anteile umgerechnet. In der Abb. 2.7-1 sehen Sie in den Zeilen die oben aufgeführten Qualitätsmerkmale (Nutzenarten). Die zweite Spalte wird mit den entsprechenden Punktwerten gefüllt, aus diesen werden in der dritten Spalte die prozentualen Anteile der einzelnen Nutzarten errechnet.

Kundengewichtung der Nutzarten	**Faktor**	**Einfluss in %**
Erreichbarkeit	5,00	5,29
Familienfreundlichkeit	10,50	11,11
Preis	42,50	44,97
Saisondauer	9,50	10,05
Ruhe	14,00	14,81
Unterhaltungsangebot	13,00	13,76
Nutzen Gesamt	***94,50***	***100***

Abb. 2.7-1: Kundengewichtung der Nutzarten.

Verteilung der Nutzenarten auf die Komponenten der Pauschalreise

Eine Pauschalreise besteht im Wesentlichen aus fünf Komponenten:

- Unterkunft
- Flug
- Verpflegung
- Animation
- Mietwagen

Damit am Ende die Zielkosten für diese Komponenten ermittelt werden können, muss zunächst festgestellt werden, welche Anteile diese an den jeweiligen Nutzenarten haben.

- Für die Nutzenart »Preis« kommen als Gewichtungsfaktoren die bisherigen Einkaufspreise für die jeweilige Komponente in Betracht.
- Entsprechend werden bei der Nutzenart »Erreichbarkeit« die bisherige Erreichbarkeit der Komponenten in Stunden eingegeben. Der Wert Null bedeutet, dass für diese Komponente keine Erreichbarkeit angegeben werden kann.
- Bei den übrigen Nutzenarten, wie etwa »Familienfreundlichkeit«, kann die Zuordnung zu den Produktbausteinen nicht durch eine physikalische Messung vorgenommen werden. Hier sind Experten zu befragen, in wieweit die Produktkomponenten bei der jeweiligen Nutzenart eine Rolle spielen.

Die Abb. 2.7-2 zeigt eine solche Aufteilung der Nutzenarten auf die einzelnen Komponenten der Pauschalreise. In der zweiten Spalte (Hauptleistungen) befinden sich die Summen aus den jeweiligen kumulierten Nutzwerten der Komponenten.

Nutzarten der Komponenten	Hauptleistungen	Unterkunft	Flug	Verpflegung	Animation	Mietwagen
Erreichbarkeit	8,00	3,00	3,00	0,00	0,00	2,00
Familienfreundlichkeit	17,00	5,00	3,00	2,00	5,00	2,00
Preis	2.374,00	1.240,00	640,00	314,00	30,00	150,00
Saisondauer	11,00	1,00	4,00	1,00	2,00	3,00
Ruhe	15,00	10,00	2,00	3,00	0,00	0,00
Unterhaltungsangebot	19,00	1,00	2,00	2,00	9,00	5,00

Abb. 2.7-2: Nutzarten der Komponenten.

Da die Angaben in der oben aufgeführten Tabelle unterschiedliche Maßeinheiten (EUR, h, Faktor) aufweisen, werden im nächsten Schritt die prozentualen Anteile ermittelt, die die Gewichtungsfaktoren an den jeweiligen Summen haben. Das Ergebnis der Rechnung zeigt Abb. 2.7-3.

Nutzarten der Komponenten	Anteile in Prozent				
	Unterkunft	Flug	Verpflegung	Animation	Mietwagen
Erreichbarkeit	37,50	37,50	0,00	0,00	25,00
Familienfreundlichkeit	29,41	17,65	11,76	29,41	11,76
Preis	52,23	26,96	13,23	1,26	6,32
Saisondauer	9,09	36,36	9,09	18,18	27,27
Ruhe	66,67	13,33	20,00	0,00	0,00
Unterhaltungsangebot	5,26	10,53	10,53	47,37	26,32

Abb. 2.7-3: Nutzenarten der Komponenten in Prozent.

Im nächsten Schritt werden die einzelnen Anteile aus der Abbildung mit den prozentualen Kundengewichtungen der Nutzenarten multipliziert. Als Ergebnis erhält man nun die prozentuale Bedeutung der Produktkomponenten am Gesamtnutzen. Sie bildet die Grundlage für die Verteilung der Zielkosten auf die Komponenten. Die Abb. 2.7-4 zeigt die Bedeutung der Produktbausteine.

Bedeutung der Komponenten	Anteile in %					
	Hauptleistungen	Unterkunft	Flug	Verpflegung	Animation	Mietwagen
Erreichbarkeit	5,29	1,98	1,98	0,00	0,00	1,32
Familienfreundlichkeit	11,11	3,27	1,96	1,31	3,27	1,31
Preis	44,97	23,49	12,12	5,95	0,57	2,84
Saisondauer	10,05	0,91	3,66	0,91	1,83	2,74
Ruhe	14,81	9,88	1,98	2,96	0,00	0,00
Unterhaltungsangebot	13,76	0,72	1,45	1,45	6,52	3,62
Nutzen Gesamt	***100,00***	***40,26***	***23,15***	***12,58***	***12,18***	***11,83***

Abb. 2.7-4: Bedeutung der Komponente.

Berechnung der Zielkosten

Bevor die Zielkosten für die einzelnen Komponenten ermittelt werden können, müssen zunächst die Gesamtzielkosten errechnet werden. Dies geschieht, indem der angestrebte Gewinn von dem ermittelten Zielpreis des Produktes subtrahiert wird.

Berechnung der Gesamtzielkosten erfolgt über die Beziehung:

Gesamtzielkosten =
Zielpreis der Pauschalreise – geplanter Gewinn

also 3.000 EUR = 4.000 EUR – 1.000 EUR.

Im letzten Schritt werden die Gesamtzielkosten auf die einzelnen Komponenten aufgeteilt. Als Grundlage für die Aufteilung dient die prozentuale Bedeutung der Produktkomponenten am Gesamtnutzen, die im vorherigen Schritt ermittelt wurden. Abb. 2.7-5 zeigt das Ergebnis einer solchen Zielkostenspaltung.

Berechnung Zielkosten	bisherige Kosten		Plan		
	€	%	Priorisierung %	Zielkosten €	Abweichung
Hauptleistungen	4.000,00	100,00	100,00	3.000,00	1.000,00
Unterkunft	1.240,00	31,00	40,26	1.207,72	32,28
Flug	640,00	16,00	23,15	694,45	-54,45
Verpflegung	1.160,00	29,00	12,58	377,42	782,58
Animation	520,00	13,00	12,18	365,41	154,59
Mietwagen	440,00	11,00	11,83	355,00	85,00

Abb. 2.7-5: Berechnung der Zielkosten.

In der zweiten Spalte der oben aufgeführten Tabelle stehen die bisherigen Kosten, die die Bündelung zur Pauschalreise ergibt. Daneben folgt der prozentuale Anteil dieser Kosten der einzelnen Komponenten an den Gesamtkosten der Pauschalreise. Die vierte Spalte weist auf die Aufteilung der Zielkosten, wie sie sich aus den Kundenwerten der Nutzenarten und den Gewichtungen der einzelnen Produktkomponenten bei den Nutzenarten ergeben haben. Ihre Werte sind identisch mit denen in der letzten Zeile der letzten Tabelle. In der fünften Spalte wurde in das gelbe Feld (erste Zeile, vorletzte Spalte) der Gesamtzielkostenbetrag von 3.000 EUR eingegeben. Der Betrag wurde gemäß der nebenstehenden Kundengewichtungen auf die Komponenten verteilt. In der letzten Spalte sind die Abweichungen zwischen den bisherigen Kosten und den Zielkosten aufgelistet.

Methoden der *Business Intelligence* zur Unterstützung der Zielkostenrechnung finden Sie in Kapitel »What-if und How-to-achieve«, S. 81.

2.8 Kampagnen *

Der Kunde und die Kundenbeziehungen rücken zunehmend in den Mittelpunkt. Dabei erlangen Kampagnen zur Erhaltung und Neugewinnung von Kunden eine immer höhere Bedeutung. Das Wissen über die Kundenmerkmale bildet dabei die Voraussetzung für eine effektive Kundenansprache.

Bedeutung der Kundenorientierung

gewachsene Bedeutung der Kundenorientierung

Gute Kundenbeziehungen haben sich für viele Unternehmen zu einem bedeutenden Erfolgsfaktor entwickelt. Aufbau und Pflege dieser Beziehungen sind zu einem wichtigen Bestandteil ihrer Strategie geworden. Durch eine erfolgreiche **Kundenorientierung** erhöht sich im Idealfall die Zufriedenheit der Kunden, bildet sich ein stabiler Kundenstamm und lassen sich Marktanteile halten und ausbauen.

Grundlage hierfür ist das Wissen über den Kunden und sein Kaufverhalten. Interessant sind u. a. seine bevorzugten Produktgruppen, das von ihm bevorzugte Qualitäts- und Preisniveau, seine Reaktion auf Werbung, sein Verhalten bei Reklamationen usw. Mit diesem Wissen kann das Unternehmen besser auf den Kunden eingehen, seine Aktionen besser auf den Kunden bzw. auf Kundengruppen abstimmen und so zielgerichteter und effektiver handeln.

Kundenorientierung durch CRM

Aus diesem Ansatz heraus hat sich das ***Customer Relationship Management*** (CRM) entwickelt. Ziel des CRM ist es, durch eine verstärkte Kundenorientierung eine Erhöhung des Marktanteils und eine Steigerung der Kundenzufriedenheit zu erzielen, die wiederum zu höherer Kundenbindung führt. Dabei stützt sich das CRM im Allgemeinen auf eine eigene CRM-Software, die aus den bisherigen Kundenkontakten Daten gewinnt und sie zu Wissen aufbereitet. Im Unternehmen können verschiedene Abteilungen auf diese Datenbasis zugreifen und auf diese Weise das Wissen über den Kunden in ihren Geschäftsprozessen berücksichtigen. Damit ermöglicht das CRM dem Unternehmen, seine Kundenkontakte individueller zu gestalten, es ermöglicht, besonders wertvolle Kunden zu erkennen, anzusprechen und langfristig zu binden. Zudem erlaubt das CRM eine bessere Abschöpfung des Kundenwertes *(customer value)* der einzelnen Kunden über die gesamte Geschäftsbeziehung. Gleichzeitig werden die Daten des CRM genutzt, um durch das Wissen über die bisherigen Kunden die Akquisition neuer Kunden effektiver zu gestalten. Da das CRM durch Anwendung von vordefinierten Prozessmodellen zu einem zielgerichteteren Vorgehen führt, lassen sich Kosten des Vertriebs und Marketings reduzieren. Durch die Verbesserung der Kundenpflege und der Kundenneugewinnung bei gleichzeitiger Optimierung der Kosten ermöglicht CRM im Idealfall die Erhöhung des Marktanteils, die Vertiefung der Kundenbindung.

»Kampagne«

Der Begriff »Kampagne«, abgeleitet vom französischen »campagne«, wurde ursprünglich in seiner militärischen Bedeutung als Feldzug verstanden. Heute versteht man darunter meist zeitlich begrenzte Aktionen zu einem bestimmten Thema, zum Beispiel in Politik oder Wirtschaft.

Kampagnen und Kundenbeziehungen

Kampagnen in der Wirtschaft beschäftigen sich vorwiegend mit der Ansprache des Kunden. Sie umfassen einzelne oder koordinierte Aktionen, die den Umsatz steigern sollen, in dem neue Kunden gewonnen, alte Kunden gehalten oder reaktiviert werden oder der Wert bestehender Kunden erhöht wird. Somit bilden diese Kampagnen auch einen wichtigen Bestandteil des CRM, wobei durchgeführte Kampagnen das nach außen sichtbare Ereignis des CRM bilden. Zu Beginn einer Kampagne wird auf dieser Grundlage unter anderem festgelegt, welches Ziel eine einzelne Aktion oder die Kampagne erreichen soll, welche Kunden- oder Konsumentengruppen anzusprechen sind und welcher Kommunikationskanal verwendet werden soll.

Ziele von Kampagnen

Verschiedene Zielsetzungen bzw. Strategien von Kampagnen aus dem Marketing-Bereich, die das Wissen über die Kunden nutzen, sind:

- ***Up-Selling***: Ziel ist es, dass Kunden zu den bisher gekauften Produkten Zusatzprodukte kaufen oder Produkte erwerben, die mit dem ursprünglichen in einem Zusammenhang stehen oder dieses ergänzen. Ausgewählten Kunden werden entsprechende Produkte angeboten. Beispielsweise wird zu einer Digitalkamera zusätzlich eine Speicherkarte oder beim Autokauf eine Finanzierung angeboten.

- ***Cross-Selling***: Hier werden den Kunden zusätzliche Produkte angeboten, die nicht unmittelbar in einem Zusammenhang mit dem ursprünglichen Produkt stehen müssen. Durch verschiedene Analysen ist der Kunde aber als potenzieller Käufer identifiziert worden. Aus den Daten von Kunden, die Bildungsreisen buchen, können so durch weitere Analysen zum Beispiel auch potenzielle Kunden für Reiseführer im Buchhandel ermittelt werden.

Als Ergebnis des *Up-* und *Cross-Sellings* soll das Potenzial, das in den bisherigen Kunden liegt, besser ausgeschöpft werden. Durch eine erhöhte Kauffrequenz oder durch einen höheren Wert je Einkauf lässt sich der Absatz steigern, ohne dass neue Kunden gewonnen werden müssen.

- **Kundenakquise**: Es sollen neue Kunden gewonnen werden. Durch Analyse der bisherigen Kunden lassen sich verschiedene Gruppen von Konsumenten erkennen, die dann auf den Gesamtmarkt übertragen werden. Somit können Konsumenten aus den Gruppen angesprochen werden, die eine höhere Wahrscheinlichkeit der Neukundengewinnung oder auch einen höheren Wert des Kunden erwarten lassen. Diese Konsumenten erhalten als potenzielle Neukunden Angebote, die auf die jeweilige Gruppe abgestimmt sind.
- **Kundenpflege**: Kunden werden von Zeit zu Zeit angesprochen oder erhalten Angebote, um die Kundenbindung zu erhöhen. Das Unternehmen bleibt so im Gedächtnis und wird bei späteren Aufträgen eher berücksichtigt.
- **Stornoprophylaxe**: Sie geht über die reine Kundenpflege hinaus, da gezielt die vertraglich gebundenen Kunden angesprochen werden, bei denen ein erhöhtes Risiko für eine Kündigung besteht. Ihnen werden zusätzliche Angebote gemacht, um die Kündigungswahrscheinlichkeit zu verringern.

Bei der Kundenakquise, Kundenpflege und Stornoprophylaxe ist zu beachten, dass die Kosten für die Neugewinnung eines Kunden die Kosten zur Aufrechterhaltung und Pflege einer Kundenbeziehung vielfach übersteigen.

Kampagnen benutzen verschiedene Kanäle

Für die Durchführung der Kampagnen werden je nach anzusprechender Zielgruppe verschiedene **Kommunikationskanäle** oder Medien verwendet wie zum Beispiel Plakate oder TV-Spots. Eine höhere Wirkung bei den bestehenden Kunden bzw. potenziellen Neukunden wird jedoch erreicht, wenn sie direkt und individuell angesprochen werden. Hierzu bieten sich Methoden des Direktmarketing an, wozu vor allem *Mailing*-Aktionen zählen. Dabei ist die Bedeutung der Wahl des Kanals nicht zu unterschätzen.

Nach einer Untersuchung von PwC-Consulting aus dem Jahr 2001 nimmt die Wahrscheinlichkeit, ein Produkt zu kaufen, um bis zu 60 Prozent ab, wenn der vom Kunden bevorzugte Kanal nicht angeboten wird.

komplexere Anforderungen

Durch Veränderungen in der Umwelt werden die Anforderungen an Kampagnen immer komplexer und ein ausgefeiltes Kampagnen-Management ist daher sinnvoll. Hierbei sind folgende neuere Aspekte zu berücksichtigen:

Individualität: Wurden früher für eine sinnvolle Aufteilung der Konsumenten nur wenige Gruppen benötigt, so entsteht heute durch die zunehmende Individualität eine viel größere Zahl von Gruppen, die aber eine immer geringere Zahl von Konsumenten umfassen. Für eine gruppengerechte Ansprache sind jeweils verschiedene, auf die jeweilige Gruppe abgestimmte Aktionen notwendig.

Schnelllebigkeit: Auch bei Kampagnen haben die sich schneller verändernden Kunden-Interessen zu berücksichtigen. Die Zeitspanne von der Analyse bis zur Durchführung der Kampagnen ist zu verringeren, die Kampagnen selbst sind flexibler und anpassbarer zu gestalten.

Beispiel

Ein bekannter Last-Minute Reisevermarkter muss die Kundenansprache aufgrund der »Verderblichkeit« der Pauschalreise zum Abflugtermin innerhalb weniger Stunden organisieren können [Enge03].

Kommunikationskanäle: Durch neue Kommunikationskanäle und -medien, wie beispielsweise *E-Mail* und SMS, erweitern sich die Möglichkeiten, Kunden direkt anzusprechen. Gleichzeitig nimmt damit aber auch die Komplexität im Kampagnen-Management weiter zu.

Daten: Durch die Kundenorientierung und dem gestiegenen Interesse an den Kundendaten unterliegt das Datenvolumen einem enormen Wachstum. Hinzu kommen verschiedene Methoden und Werkzeuge, die der zusätzlichen Gewinnung von Kundendaten dienen, wie z. B. Kundenkarten oder Bonuspunktsysteme. Mit der Zunahme des Datenvolumens steigen auch die Anforderungen an die Verwaltung und Aufbereitung der Daten.

Kampagnenaktivität: Da die Unternehmen zur Verbesserung der Kundenbeziehungen vermehrt auf Kampagnen setzen, steigt ihre Zahl stark an. Damit wächst jedoch die Gefahr der Überflutung durch Kampagnen, die zu einer geringeren Wirkung bis hin zur Ablehnung bei den Kunden führen kann. Ziel ist es also nicht, eine möglichst hohe Zahl von Kampagnen durchzuführen, sondern die Bestimmung der zum jeweiligen Zeitpunkt sinnvollsten Kampagne.

Aus der Beschreibung wird deutlich, dass das Planen, Entscheiden und Durchführen sowie Kontrollieren und Analysieren von Kampagnen, kurz: das Kampagnen-Management, eine komplexe Aufgabe darstellt, die mit hohen Anforderungen an die entsprechenden Mitarbeiter und die sie unterstützenden Systeme verbunden ist.

3 Die Methoden der *Business Intelligence* *

Die Methoden, die im Folgenden vorgestellt werden, knüpfen an die Beschreibungen der betriebswirtschaftlichen Einsatzfelder aus dem Hauptkapitel »Die betriebswirtschaftliche Sicht«, S. 7, des Buches an und setzen damit den roten Faden des Buches vom »Nutzen« über die »Methode« zur »Technik« fort. Im letzten Teil wurden die Aufgaben eines Unternehmens beleuchtet. Zur Bewältigung der Aufgaben eines Unternehmens steht ein teils etabliertes und teils innovatives Methodenspektrum zur Verfügung.

Zu den klassischen Methoden zählen:

- Kennzahlenbasierte »Berichte«, S. 58,
- die »Gegenstrommethode der Budgetplanung«, S. 69,
- die »Szenariotechnik«, S. 75,
- das »Kampagnenmanagement«, S. 91, zur Kundenansprache und
- die adäquate »Visualisierung«, S. 102, von Kenngrößen.

Diese Verfahren erleben durch die rechnerbasierte Unterstützung eine Renaissance, da die Konsistenz der Planung, der Umfang der Szenarien, die Zielgenauigkeit der Kampagnen und die Reichhaltigkeit der Grafiken eine neue Komplexitätsstufe erreichen. Daneben ermöglicht die *Business Intelligence* auch neuartigere Ansätze wie:

- das *Online Analytical Processing* (OLAP) zur interaktiven zeitnahen Aufbereitung von Kennzahlen,
- die Berechnung von »What-if und How-to-achieve«, S. 81, und
- »Geografische Landkarten«, S. 117, zur Darstellung flächenbezogener Information.

Einzelne Methoden finden ihre Konkretisierung in:

- dem »Analytisches Reporting in der Touristik«, S. 66,
- dem »Produktplanung in der Touristik«, S. 84,
- dem »Kampagnenunterstützung in der Touristik«, S. 100, und
- der »Visualisierung mit Excel®«, S. 106.

3.1 Berichte *

Das rechnergestützte Berichtswesen erfüllt zwei wesentliche Aufgaben: die Verteilung von statischen Informationen innerhalb und außerhalb des Unternehmens und die interaktive Darstellung und Aufbereitung analytischer Information.

Die ***Information Supply Chain*** dient der Informationsversorgung im Unternehmen. Am Ende der Versorgungskette steht die Darstellung von Kennzahlen und deren Verteilung in Form von Berichten (engl. *reporting*). Berichte können die Kennzahlen tabellarisch oder grafisch aufbereitet darstellen. Auch die Kombination von grafischer Darstellung und tabellarischer Formatierung ist häufig möglich.

dynamischer Bericht

Sind **Navigationsoperationen** auf diesen Berichten manuell anwendbar, so spricht man von dynamischen Berichten. Dynamische Berichte finden vor allem bei der Beantwortung von **ad-hoc-Abfragen** Verwendung, z.B. im Controlling oder im Vertrieb und erlauben dem Anwender den Zugriff auf größere Datenvolumina. Die Distribution dynamischer Berichte erfolgt entweder über ein *Webinterface* mit Unterstützung der Navigationsoperationen (***Thin-Clients***) oder über eigene Clientprogramme *(Fat-Clients).* Die Mächtigkeit der Navigationsoperationen reicht vom vollständigen OLAP-Funktionsumfang bis zur einfachen Navigation über Auswahlboxen. Abb. 3.1-1 zeigt einen einfachen dynamischen Bericht, der durch einen Browser angezeigt wird. Dieser Bericht wurde mit den Microsoft Reporting Services erstellt und wird über einen **Web-Server** realisiert. Der Benutzer besitzt im Kopfbereich des Fensters die Möglichkeit, die entsprechende Navigationsauswahl durch Einschränkung auf bestimmte Dimensionsausprägungen zu treffen. In diesem Fall werden die Buchungen angezeigt, die in den Reisebüros »West« von Personen mit Einkommen zwischen »2250 EUR« bis »3000 EUR« und einem Alter zwischen »20« und »34« Jahren in dem Zeitraum zwischen »1998« und »2003« getätigt worden sind. Im Berichtsrumpf erkennt man in den Zeilen die Ausprägungen für die Reisebüroregion »West«, die Ausprägungen für die Zielregionen, die wiederum in einzelne Länder bzw. Ländergruppen aufgefächert sind. Dabei liegen nicht für alle Ausprägungskombinationen Werte vor.

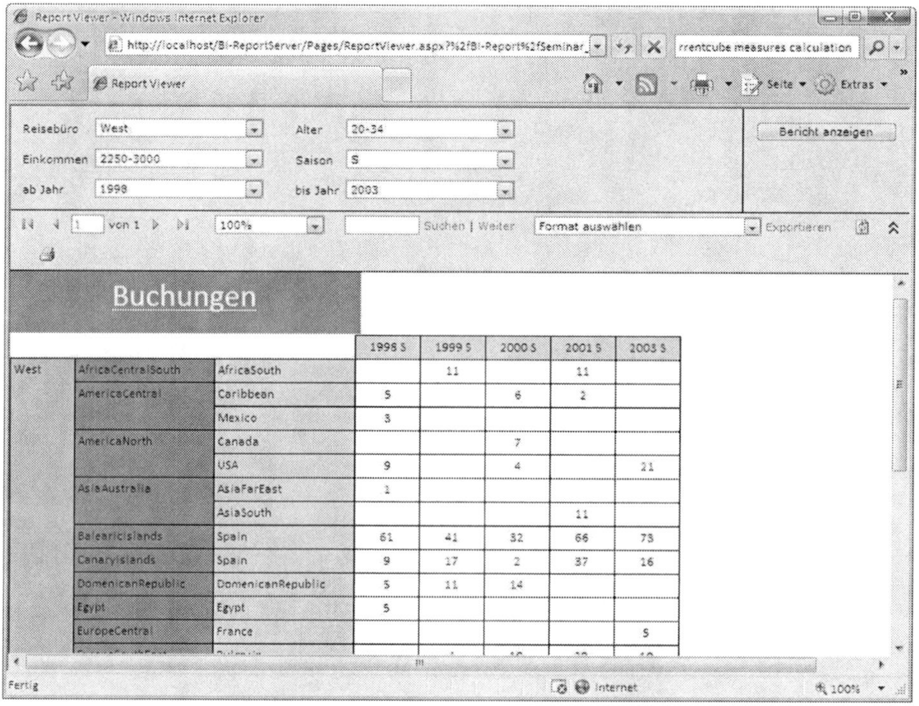

Abb. 3.1-1: Dynamischer Bericht im Browser.

Abb. 3.1-2 zeigt einen dynamischen Bericht für das analytische Reporting. Der Bericht basiert auf den Microsoft Analysis Services und wird mit Excel 2007 zur Anzeige gebracht. Dabei findet die Excel Pivottabellenfunktion zur Unterstützung der Navigation innerhalb des Berichtes Anwendung, deren Benutzerschnittstelle im rechten Teilfenster sichtbar ist. Der Bericht zeigt die Summe aller Buchungen pro Altersklasse bezogen auf das Stichjahr »2003« und stellt in der Spalte daneben die Veränderung zum Vorjahr dar. Bei der Darstellung der Veränderung zum Vorjahr erlaubt Excel 2007 die Verwendung von Verkehrsampelsymbolen (*traffic-lights*), die ein schnelles Erfassen der Kennzahlen ermöglichen, die sich außerhalb des definierten Normbereichs befinden, vgl. »Performance Management«, S. 23. Die Normbereiche und die Definition der Kennzahlen finden im Entwicklungswerkzeug der Analysis Services statt. Damit wird der Aufbau von *Dashboards* und *Scorecards* unterstützt. Microsoft bietet auf Basis dieser Technik die Performance Point Werkzeuge an, die die Realisierung von *Dashboards* und *Scorecards* unabhängig von Excel unterstützt.

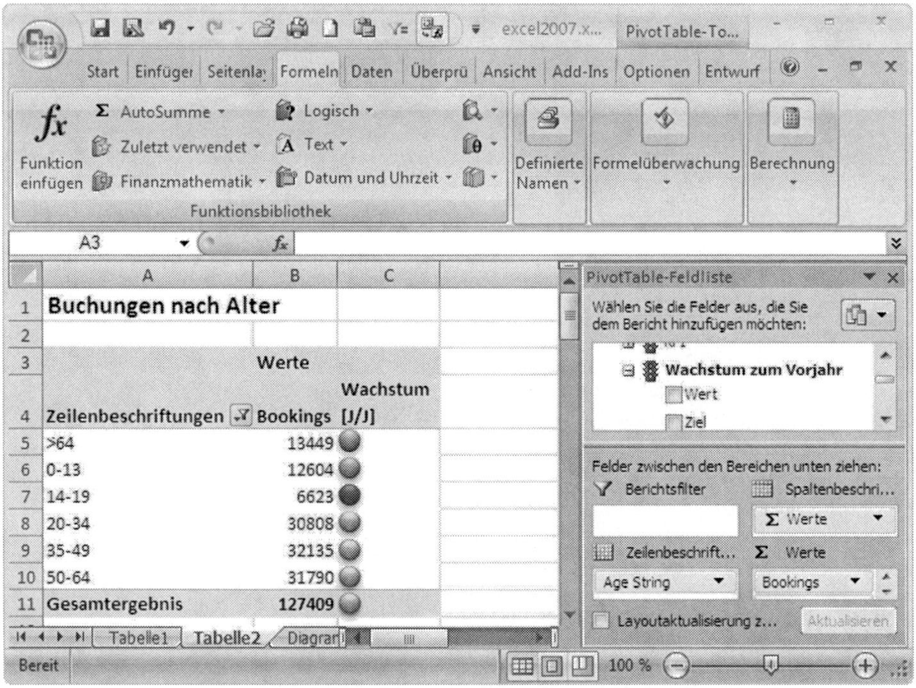

Abb. 3.1-2: Dynamischer Analysebericht in Excel 2007.

statischer Bericht

Ist ein starr formatierter Berichtsaufbau gegeben, so liegt ein statischer Bericht vor. Statische Berichte findet man vor allem in periodischen Berichten des Rechnungswesens. Der Datenumfang ist durch die starre Struktur eingeschränkt. Unternehmen, bei denen die einzelnen Organisationseinheiten sehr autonom arbeiten, bedienen sich häufig dieser Darstellungsform, um den Verantwortlichen ausschließlich die Information zu liefern, die in ihren Verantwortungsbereich fällt. Statische Berichte eignen sich sehr gut, um Kennzahlen an eine große Gruppe von Empfängern zu leiten. Die Distribution statischer Berichte erfolgt über ein *Webinterface* oder den Versand von Textdokumenten. Abb. 3.1-3 zeigt einen einfachen statischen Bericht. Auch dieser Bericht wird in einem Browser angezeigt. Dieser Bericht wurde ebenfalls mit den Microsoft Reporting Services erstellt. Der Benutzer besitzt abgesehen von der Funktion des Weiterblätterns hier keine Möglichkeit der Navigation. Er kann wie auch beim dynamischen Bericht im Drop-Down-Menü ein Format auswählen, um den Bericht in verschiedenen Formaten wie html, Excel oder pdf zu exportieren.

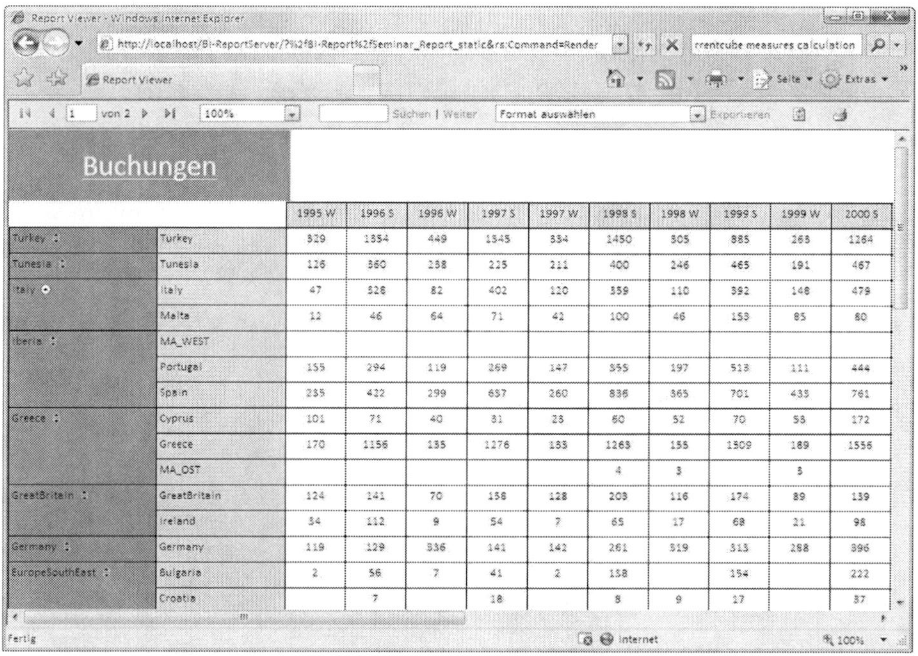

Buchungen

		1995 W	1996 S	1996 W	1997 S	1997 W	1998 S	1998 W	1999 S	1999 W	2000 S
Turkey	Turkey	329	1354	449	1545	334	1450	305	885	268	1264
Tunesia	Tunesia	126	360	238	225	211	400	246	465	191	467
Italy	Italy	47	328	82	402	120	359	110	392	148	479
	Malta	12	46	64	71	42	100	46	153	85	80
Iberia	MA_WEST										
	Portugal	155	294	119	269	147	355	197	513	111	444
	Spain	235	422	299	637	260	836	365	701	433	761
Greece	Cyprus	101	71	40	31	23	60	52	70	58	172
	Greece	170	1156	135	1276	133	1263	155	1309	189	1556
	MA_OST						4	3		3	
GreatBritain	GreatBritain	124	141	70	158	128	203	116	174	89	139
	Ireland	34	112	9	54	7	65	17	68	21	98
Germany	Germany	119	129	336	141	142	261	319	313	288	396
EuropeSouthEast	Bulgaria	2	56	7	41	2	138		154		222
	Croatia		7		18		8	9	17		37

Abb. 3.1-3: Statischer Bericht im Browser.

3.2 Grundlagen der OLAP-Funktionalität *

Da von multidimensionalen Datenstrukturen auf einem Bildschirm lediglich nur zwei Dimensionen gleichzeitig angezeigt werden können, müssen diese Datenstrukturen auf andere Weise aufbereitet werden. Aufgrund dieser Tatsache benötigt man Navigationsoperationen, um durch

manuelles interaktives »Umschalten« alle Daten analysieren zu können.

Begriff Dem multidimensionalen Datenmodell liegt im Fall der »flachen« Dimensionen anschaulich ein multidimensionaler **Würfel** zugrunde. Zur Darstellung der Informationen für den Anwender stehen allerdings nur die beiden Dimensionen des Bildschirmes zur Verfügung. Die gespeicherten Datenwerte können grafisch, zum Beispiel anhand eines Diagramms, oder textuell zum Beispiel innerhalb einer Tabelle dargestellt werden. Eine textbasierte Darstellung verwendet Berichte, um die Werte anzuzeigen. Ein solcher Bericht besteht aus einem Berichtskopf, aus Zeilen, aus Spalten, aus Zeilenbeschriftungen und Spaltenbeschriftungen. Die Zeilen und Spalten bilden jeweils eine Dimension ab. Die Zeilenbeschriftungen enthalten die Ausprägungen der Zeilendimension. Die Spaltenüberschriften hingegen geben die Ausprägungen der Spaltendimension an. Ausprägungen einer Dimension (z. B. in der Dimension »Zeit in Jahren« bildet das Jahr »2007« eine Ausprägung) werden auch als **Klassifikationsknoten** bezeichnet. Die übrigen Dimensionen werden auf genau einer Ausprägung bzw. einem Klassifikationsknoten »festgehalten«. Diese feste Ausprägung wird im Berichtskopf angezeigt (Abb. 3.2-1).

Detail: GuV-Planung | Veranstalter: 12Fly
Abflughafen: Dortmund | Urlaubsort: Palma de Mallorca

	Sommer 2005	Winter 2005	Sommer 2006
GuV-Planung			
Umsatz	84.123,45	77.685,54	80.468,52
Umsatz / Mitarbeiter	502,58	496,55	392,54
Kosten gesamt	71.234,68	74.673,91	68.167,56
Abschreibungen	4.234,56	7.484.96	10.967,26
Deckungsbeitrag	1.256,55	-5.194,92	3.679,64
Marge	5,76	-2,68	3,69
Anzahl Mitarbeiter	132	156	187
Investitionsbudget	15.006,09	17.964,65	15.687,66

Abb. 3.2-1: Ein beispielhafter Bericht.

Beispiel

Gegeben ist ein Modell mit den Dimensionen

- Kennzahlen (GuV Positionen)
- Veranstalter
- Urlaubsort
- Abflughafen
- Zeit (Jahre)

An diesen Dimensionen wird die Funktion eines Berichtes verdeutlicht. Die Zeilendimension ist durch die Kennzahlen gegeben, die Spaltendimension bildet die »Zeit«. Für diese Dimensionen werden alle ihre Ausprägungen in die Spalten bzw. in die Zeilen gelegt. Für die übrigen Dimensionen werden die Dimensionsausprägungen festgehalten:

- Urlaubsland → Spanien
- Urlaubsort → Palma de Mallorca
- Abflughafen → Dortmund

Der zugehörige Spezifikationsvektor für die obere rechte Zelle des Berichts in Abb. 3.2-1 lautet:

s = (Umsatz, Sommer 2006, 12Fly, Palma de Mallorca, Dortmund).

Die grau hinterlegten Zeilenbeschriftungen zeigen an, dass es sich bei diesen Kennzahlen um hierarchische Dimensionen mit **Klassifikationshierarchie** handelt.

Navigationsoperationen

Aus der Betrachtung eines Berichtes leiten sich weitere Fragen zu einzelnen Ausprägungen und ihren Werten ab. Die **Navigationsoperationen** des **OLAP**-Systems unterstützen den gezielten Übergang von einem Bericht zum nächsten. Im Allgemeinen werden mehrere Arten von Operationen unterschieden.

Slice (Schneiden)

Es findet ein Übergang von einer Ausprägung in einer Dimension des Berichtskopfes zu einer anderen Ausprägung der gleichen Dimension statt. Alle übrigen Ausprägungen bleiben erhalten. Es bleibt also insbesondere die Struktur des Berichtes in Bezug auf die Zeilen und Spalten erhalten (Abb. 3.2-2).

Detail: GuV-Planung Veranstalter: 12Fly
Abflughafen: Dortmund Urlaubsort: Palma de Mallorca

	Sommer 2005	Winter 2005	Sommer 2006
GuV-Planung			
Umsatz	84.123,45	77.685,54	80.468,52
Umsatz / Mitarbeiter	502,58	496,55	392,54
⋮	⋮	⋮	⋮

Detail: GuV-Planung Veranstalter: 12Fly
Abflughafen: Dortmund Urlaubsort: Barcelona

	Sommer 2005	Winter 2005	Sommer 2006
GuV-Planung			
Umsatz	82.145,22	64.153,75	91.185,95
Umsatz / Mitarbeiter	453,96	455,64	541,15
⋮	⋮	⋮	⋮

Abb. 3.2-2: Die Navigationsoperation *Slice*.

Das Beispiel in Abb. 3.2-2 zeigt eine Schneideoperation in der Dimension Urlaubsort von »Palma de Mallorca« nach »Barcelona«.

Dice (Drehen)

Beim Drehen wird eine Dimension des Berichtskopfes, die bis dato nur in einer Ausprägung vorhanden war, in alle Ausprägungen »aufgefächert« und in die Zeilen bzw. Spalten des Berichtes gelegt. Die entsprechende Zeilen- bzw. Spaltendimension erfährt die Zusammenfassung auf eine Ausprägung, die in den Berichtskopf übernommen wird. Alle anderen Dimensionen bleiben unberührt (Abb. 3.2-3).

Die geometrische Interpretation erinnert an ein Drehen, denn während ein Punkt im Würfel in eine Kante »auffächert«, wird gleichzeitig eine Kante des Würfels in einen Punkt überführt. Jetzt zeigt sich eine Fläche, die senkrecht auf der Vorherigen steht. Der Würfel wird also gedreht.

Drill-Down

Die verbleibenden Operationen beschäftigen sich mit der Navigation in hierarchischen Dimensionen. Der Detaillierungsgrad in einer Dimension erhöht sich durch die ***Drill-Down***-Operation.

Detail: GuV-Planung | Veranstalter: 12Fly
Abflughafen: Dortmund | Urlaubsort: Palma de Mallorca

	Sommer 2005	Winter 2005	Sommer 2006
GuV-Planung			
Umsatz	84.123,45	77.685,54	80.468,52
Umsatz / Mitarbeiter	502,58	496,55	392,54
⋮	⋮	⋮	⋮

Detail: GuV-Planung | Veranstalter: 12Fly
Abflughafen: Dortmund | Zeit: Winter 2005

	Palma de Mallorca	Barcelona	Madrid
GuV-Planung			
Umsatz	77.685,54	64.153,75	66.456,35
Umsatz / Mitarbeiter	496,55	455,64	469,33
⋮	⋮	⋮	⋮

Abb. 3.2-3: Die Navigationsoperation *Dice*.

Detail: GuV-Planung
Abflughafen: Dortmund
Veranstalter: 12Fly
Urlaubsort: Palma de Mallorca
Zeit: Sommer 2005

	Sommer 2005
GuV-Planung	
Umsatz	84.123,45
Umsatz / Mitarbeiter	502,58
Kosten gesamt	71.234,68
Abschreibungen	4.234,56
⋮	⋮

→

Detail: Umsatz
Abflughafen: Dortmund
Veranstalter: 12Fly
Urlaubsort: Palma de Mallorca
Zeit: Sommer 2005

	Sommer 2005
Umsatz	
Flugumsatz	14.223,45
Hotelumsatz	26.572,58
Ausflugsumsatz	11.434,68
Transferumsatz	8.344,56
⋮	⋮

Abb. 3.2-4: Die *Drill-Down* Operation.

Bei dieser Operation bleiben die Ausprägungen aller Kopfdimensionen erhalten (Abb. 3.2-4). Die Dimension, in der die *Drill-Down*-Operation durchgeführt wird, bleibt ebenfalls vollständig in Spalten bzw. Zeilen erhalten. Die Ausprägung der hierarchischen Dimension, auf der der *Drill-Down* durchgeführt wird, befindet sich auf der einer Hierarchieebene n. Die Daten der Hierarchieebene n-1, deren Werte als Summe die Ausprägung auf der Hierarchieebene n ergeben, werden nach der *Drill-Down*-Operation angezeigt.

Roll-Up Eine Verringerung des Detaillierungsgrades in einer Dimension löst die ***Roll-Up***-Operation aus. Diese Operation bildet die inverse Operation zur *Drill-Down*-Operation.

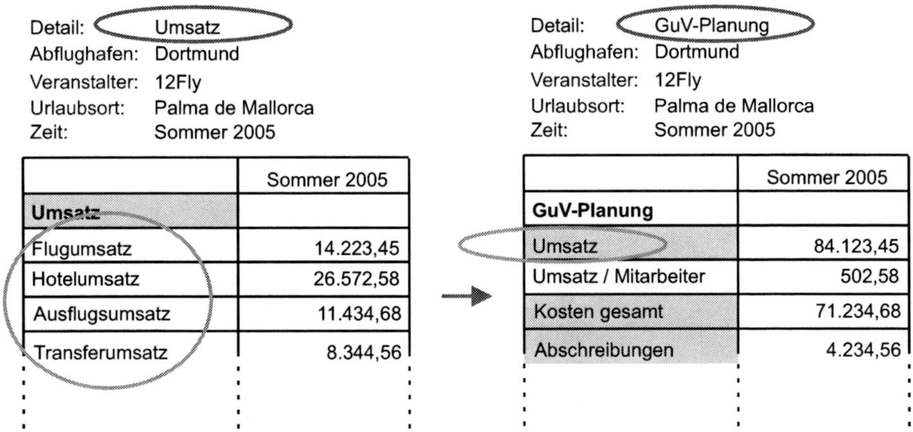

Abb. 3.2-5: Die Navigationsoperation *Roll Up.*

Im Bericht bleiben alle Ausprägungen der Kopfdimension erhalten (Abb. 3.2-5). Die Dimension, in der der *Roll-Up* durchgeführt wurde, bleibt vollständig in Zeilen bzw. Spalten erhalten. Die Ausprägungen der Dimension in Zeilen bzw. Spalten, bei der der *Roll-Up* durchgeführt wurde, werden zusammengefasst, und als eine Ausprägung dargestellt.

3.3 Analytisches Reporting in der Touristik *

OLAP-Systeme dienen der teilautomatisierten Analyse von Datenbeständen im Data Warehouse. Anhand eines Reiseveranstalters wird gezeigt, wie derartige Berichte in der Praxis aufgebaut sind.

Betrachtet wird ein einfaches Fallbeispiel für OLAP-Navigationsoperationen in einem Web-Browser im analytischen Reporting [Rieg02] (Abb. 3.3-1).

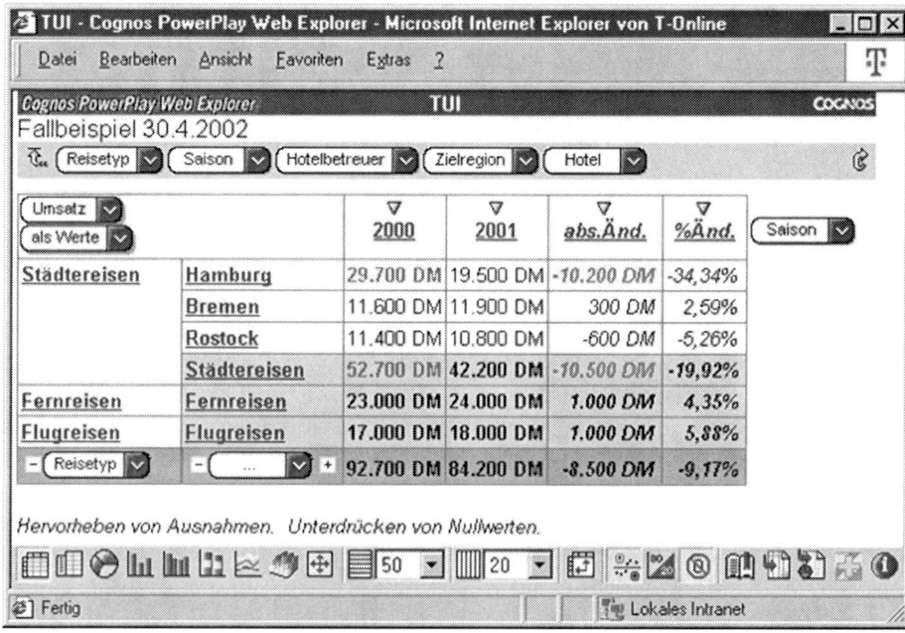

Abb. 3.3-1: OLAP-Frontend: fiktiver TUI-Bericht.

Im unteren linken Bereich des Fensters erscheinen die Schaltflächen für die Auswahl der Darstellung beginnend mit tabellarischen Berichten, Kuchendiagramm, Säulendiagrammen, Liniendiagrammen und dreidimensionaler Darstellung. Die Grafiken sind ebenfalls sensitiv und ermöglichen die *Drill-Down-* und *Roll-Up-*Navigationsoperationen.

Der Bericht enthält die Dimensionen:

- Saison
- Hotel
- Reisetyp
- Zielregion
- Hotelbetreuer
- Kennzahlen (hier als Klassifikationsknoten »Umsatz«)

Nun wird die tabellarische Ansicht betrachtet. Als Zeilendimension ist der Reisetyp ausgewählt, als Spaltendimension die zeitliche Beschreibung durch die Saison gegeben. Zusätzlich finden Sie berechnete Spalten in Form von absoluter und relativer Veränderung zwischen den Saisons. Die dargestellten Werte geben die Kennzahl Umsatz in DM an. Die blauen Pfeile rechts neben den Dimensionen bezeichnen deren Zustand im Bericht:

- ∨ bedeutet die Klassifikationsstufe »all«
- < bedeutet die Filterung auf einen Klassifikationsknoten
- > liefert ein Pop-Up Menu der tiefer liegenden Knoten
- ∧ bezeichnet die Klassifikationsstufe tiefer als »all«

In der Rubrik Reisetyp = »Städtereisen« und Zielregion = »Hamburg« erkennen wir eine negative Abweichung von »-10.200« DM zwischen Saison »2000« und »2001«. Diese Abweichung ist exzeptionell und daher durch eine Verkehrsampelfärbung (*Trafficlight*) in Rot hervorgehoben. Die Bestimmung der Schwellwerte für das Umschalten zwischen Rot, Gelb und Grün wird bei der Berichtsdefinition durch den Anwendungsbetreuer manuell vorgenommen. Die Einstellung stellt in der Praxis einen nicht zu vernachlässigenden Aufwand dar, insbesondere auf den unteren Detaillierungsebenen hierarchischer Dimensionen.

Hier interessiert nun die Ursache für die Umsatzentwicklung in »Hamburg«. Zu diesem Zweck lösen wir eine *Drill-Down*-Operation auf der Zielregion »Hamburg« aus. Als Ergebnis erhält man die Liste aller Hotels in »Hamburg«, während alle anderen Dimensionsausprägungen konstant bleiben (Abb. 3.3-2).

An dieser Stelle zeigt uns die Verkehrsampelfarbe die Abweichung von Saison zu Saison an und leitet zu dem »Hotel Graf«, welches für »2001« keinen Umsatz aufweist und damit ursächlich für den Umsatzrückgang verantwortlich zeichnet.

In dieser Anwendung des analytischen Reportings werden keine manuellen Eingaben von Daten vorgenommen.

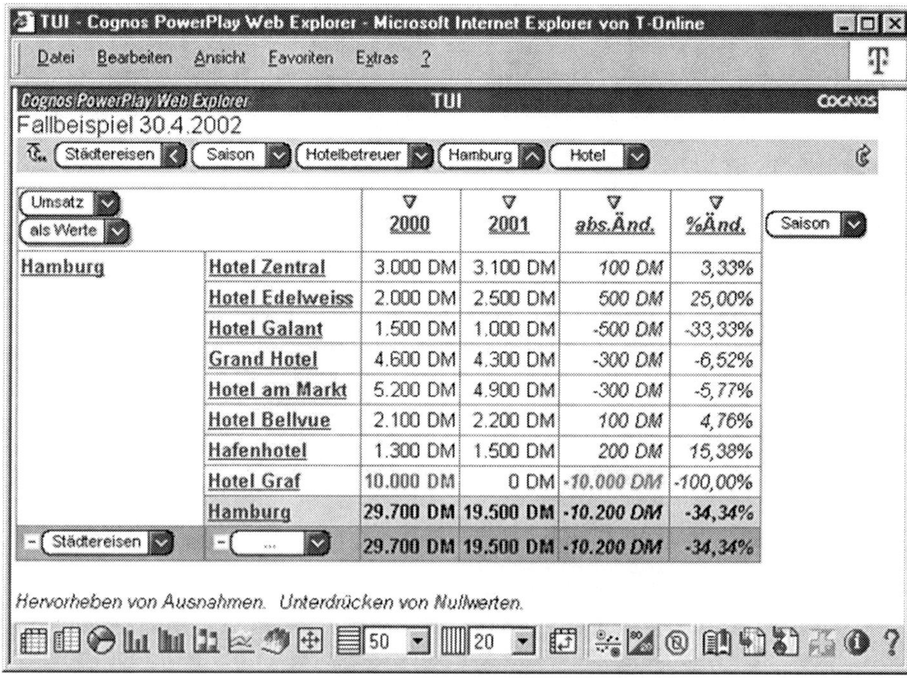

		2000	2001	abs.Änd.	%Änd.
Hamburg	Hotel Zentral	3.000 DM	3.100 DM	100 DM	3,33%
	Hotel Edelweiss	2.000 DM	2.500 DM	500 DM	25,00%
	Hotel Galant	1.500 DM	1.000 DM	-500 DM	-33,33%
	Grand Hotel	4.600 DM	4.300 DM	-300 DM	-6,52%
	Hotel am Markt	5.200 DM	4.900 DM	-300 DM	-5,77%
	Hotel Bellvue	2.100 DM	2.200 DM	100 DM	4,76%
	Hafenhotel	1.300 DM	1.500 DM	200 DM	15,38%
	Hotel Graf	10.000 DM	0 DM	-10.000 DM	-100,00%
	Hamburg	29.700 DM	19.500 DM	-10.200 DM	-34,34%
Städtereisen	...	29.700 DM	19.500 DM	-10.200 DM	-34,34%

Abb. 3.3-2: Fiktiver Beispielbericht der TUI mit Cognos Powerplay®.

3.4 Verteilung von Planungswerten *

Die Kennzahlen in einem Unternehmen sind anhand verschiedener Dimensionen charakterisiert. Sind die Dimensionen hierarchisch aufgebaut, so existieren unterschiedliche Verdichtungsstufen für die Kennzahlen. Eine Planung auf verschiedenen Hierarchiestufen muss sicherstellen, dass die Konsistenz zwischen den Eingaben auf den verschiedenen Stufen berücksichtigt wird.

Die Fakten oder Kennzahlen eines Unternehmens werden periodisch oder rollierend geplant. Entlang der Dimensionen lassen sich Verdichtungen durch Aggregation der einzelnen Kennzahlenwerte berechnen. Typische Dimensionen stellen beispielsweise Produkte, Zeit, Kunden oder Regionen dar. Innerhalb einer Dimension befinden sich die einzelnen Ausprägungen (zum Beispiel »Niederlassung Nord«, »Niederlassung West«).

Die **Planung** eines Unternehmens kann in verschiedenen Richtungen erfolgen.

Top-Down-Planung

Bei der **Top-Down**-Planung wird der in der obersten Ebene n fixierte Rahmenplan, in Teilpläne zerlegt. Diese Teilpläne dient der nachfolgenden Hierarchieebene n-1 als Rahmenplan. Dabei kann die Situation eintreten, dass die oberste Ebene den nachfolgenden Ebenen Planwerte vorgibt, die diese nicht erfüllen können.

Bottom-Up-Planung

Bei der **Bottom-Up**-Planung findet eine Erstellung von Teilplänen in den untersten Hierarchieebenen statt, die an die übergeordnete Hierarchieebene weitergeleitet werden. Dort erfolgt eine horizontale Koordination der Teilpläne, deren Ergebnis als Eingabe für die nächste Hierarchieebene dient. Als Resultat dieses Vorgehens können Pläne entstehen, die sich inhaltlich widersprechen oder nicht den Vorstellungen der Geschäftsleitung genügen.

Gegenstromplanung

Die Gegenstromplanung kombiniert die Top-Down- und die Bottom-Up-Methode. Diese Planungsmethode erstellt im ersten Schritt einen vorläufigen Rahmenplan auf der Top-Ebene und zerlegt diesen in vorläufige Teilpläne. Eine Überprüfung dieser Teilpläne erfolgt durch die nachfolgenden Ebenen hinsichtlich ihrer Realisierbarkeit und mit notwendigen Korrekturen versehen, gelangen sie zurück an die übergeordneten Hierarchieebenen.

Aufteilung von Planwerten

Beispiel: Dimension Geografie

Sie betrachten ein Unternehmen mit geografisch verteilten Organisationseinheiten für den Vertrieb (Abb. 3.4-1).

Das Unternehmen operiert in den Vertriebsregionen (VR) Nord, West, Ost und Süd und hat in der aktuellen Periode 2 Millionen Euro Umsatz erwirtschaftet. Der Umsatz teilt sich wie folgt auf die Vertriebsregionen auf:

- VR Nord 10 Prozent
- VR West 40 Prozent
- VR Ost 20 Prozent
- VR Süd 30 Prozent.

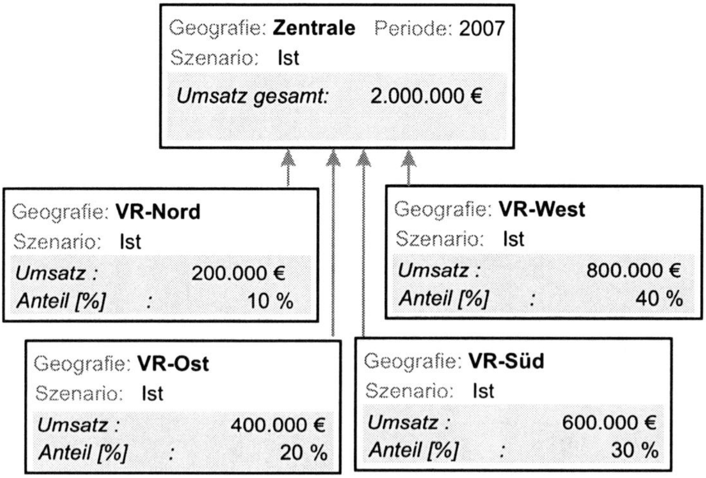

Abb. 3.4-1: Umsatzverteilung in der Dimension Geografie.

In diesem Beispiel betrachten Sie nur die Dimension »Geografie«. Das Modell lässt sich auf mehrere Dimensionen erweitern, indem zum Beispiel die in den Vertriebsregionen verkauften Produkte hinzugefügt werden.

Eine Aufgabe der **Planung** in einem Unternehmen besteht darin festzustellen, wie sich in zukünftigen Perioden Umsatz, Kosten und Gewinn entwickeln. Die Kennzahlen werden durch Fortschreiben des Wertes der aktuellen Periode oder durch prognostische Ansätze wie Trendfortschreibung oder Regressionen abgeschätzt. Basierend auf dem erwarteten Trend erstellt die Geschäftsleitung einen Rahmenplan mit Vorgaben für die Kennzahlen Umsatz, Kosten und dem daraus abgeleiteten Gewinn. Die vorgegebenen Kennzahlen können nun »anteilig« oder »zusätzlich« auf die einzelnen Ausprägungen einer Dimension verteilt werden.

»Anteilige« Planwerteverteilung

Bei der »anteiligen« Verteilung von Planwerten wird die geplante Kennzahl auf die einzelnen Ausprägungen einer Dimension prozentual aufgeteilt. Ist die Umsatzerhöhung in einer Vertriebsregion nicht möglich, erfolgt eine prozentuale Verteilung dieses Umsatzanteils auf andere Vertriebsregionen.

Beispiel: »anteilige« Planwerteverteilung

Die Geschäftsleitung plant für die Folgeperiode eine Erhöhung der Umsatzerlöse um 15 Prozent. Die geplante Umsatzsteigerung beträgt 300.000 EUR. Die Erhöhung soll nach prozentualen Anteilen der einzelnen Vertriebsregionen verteilt werden. Somit ergibt sich Aufteilung der Abb. 3.4-2.

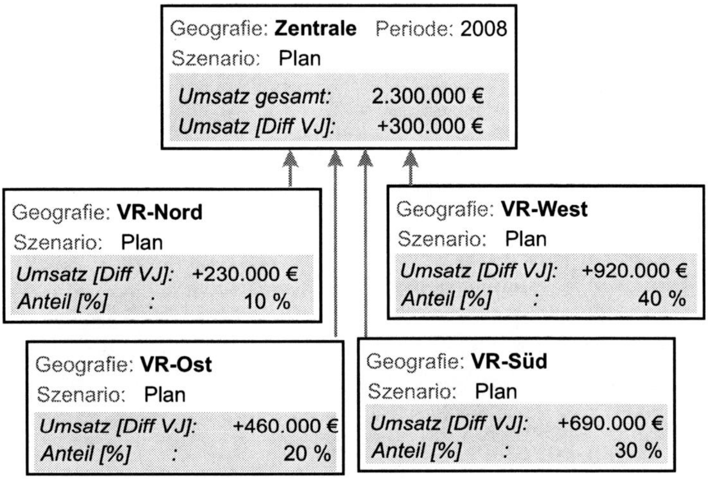

Abb. 3.4-2: Prozentuale Planwerteverteilung.

Der Vertriebsleiter der Region Ost erwartet keine Möglichkeit der Umsatzsteigerung in der Folgeperiode. Deshalb müssen die 15 Prozent Umsatzsteigerung auf die übrigen Vertriebsregionen prozentual verteilt werden, weil die Geschäftsleitung an der Umsatzsteigerung festhält (Abb. 3.4-3).

Es ergibt sich damit eine variierte prozentuale Verteilung des geplanten Umsatzes. Die Vertriebsregion Nord muss somit 12,5 Prozent, die Vertriebsregion West 50 Prozent und die Vertriebsregion Süd 37,5 Prozent des Umsatzes erwirtschaften.

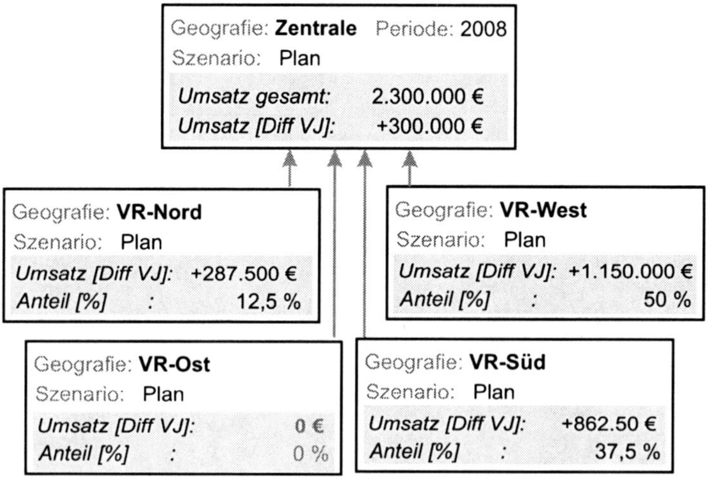

Abb. 3.4-3: Anteilige Planwerteverteilung.

»Zusätzliche« Planwerteverteilung

Bei der »zusätzlichen« Verteilung von Planwerten wird die geplante Umsatzerhöhung auf die einzelnen Ebenen einer Dimension prozentual aufgeteilt. In einer Vertriebsregion ist aber eine höhere Umsatzsteigerung zu erwarten. Daraus ergibt sich ein niedriger prozentualer Anteil am Umsatz für die anderen Vertriebsregionen.

Beispiel: »zusätzliche« Planwerteverteilung

Der Vertriebsleiter der Region Ost erwartet in der Folgeperiode 2008 eine Umsatzsteigerung von 50 Prozent von 400 auf 600 Tausend EUR. Die übrigen Vertriebsregionen erhalten ihre Umsatzvorgaben wie vorher auf Basis des vorgegebenen Umsatzes für 2008 gemäß ihres Anteils am Umsatz in 2007. Die Steigerung des Umsatzes in der Vertriebsregion Ost wirkt sich nun zusätzlich als Steigerung des Gesamtergebnisses aus und erhöht dieses um 140.000 EUR (Abb. 3.4-4).

Schreibzugriff

Die Ist-Zahlen eines Unternehmens liegen dem Management meistens in der höchsten Hierarchiestufe in Form eines OLAP-Reportings vor. Die einzelnen Elemente einer Dimen-

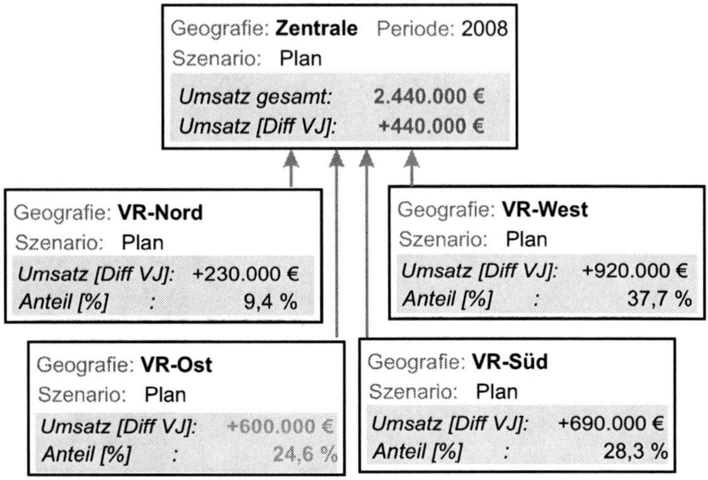

Abb. 3.4-4: Zusätzliche Planwerteverteilung.

sion, die dem Management vorliegen, bestehen aus einer Menge von Daten, die nach verschiedenen Merkmalen aggregiert sind. Die Geschäftsleitung kann die einzelnen Daten mit der Drill Down Operation beliebig ansehen. Eine Änderung der Ist-Zahlen der höchsten Verdichtungsstufe ist aber nicht möglich.

Für die Planung und Steuerung des Unternehmensergebnisses sind zukunftsorientierte Planungs- und Simulationsmöglichkeiten notwendig. Planung und Simulation stellen dabei hohe Anforderungen an die Möglichkeiten des *Business Intelligence* Werkzeuges. Gründe dafür sind, dass für eine Planung ein Schreibzugriff durch die Anwender auf die Datenbestände notwendig ist. Die Ist-Zahlen dürfen dabei aber nicht in ihrer Konsistenz gefährdet werden.

Werkzeuge zur Umsetzung von *Business Intelligence* bieten die Möglichkeit, Planwerte auf allen Ebenen der Hierarchie der Datenstruktur verändern zu können. Um dem Anwender das Ergebnis von verschiedenen Planungsszenarien zu verdeutlichen, ermöglichen einige Werkzeuge, Szenarien zu simulieren. Hierdurch kann der Anwender die Planung auf eine Zielwerterreichung untersuchen.

3.5 Szenarios **

Die Szenario-Technik dient dem Entwurf von Zukunftsprojektionen, die unter unsicheren Randbedingungen erstellt werden. Ausgehend von der Gegenwart entstehen zukünftige Situationen als schrittweise Abfolge von Ereignissen durch strategische Entscheidungspunkte.

Mit der Szenario-Technik werden verschiedene mögliche Zukunftsbilder entworfen und Entwicklungspfade aufgezeigt, die zu diesen Zukunftsbildern führen [Zerr94]. Hierbei werden quantitative Daten und Informationen mit qualitativem Charakter verknüpft. Als Ergebnis entstehen detaillierte Beschreibungen einer bzw. mehrerer Zukunftssituationen. Man unterscheidet in der Regel drei Grundtypen von Szenarien:

- Trend-Szenario
- positives Extremszenario
- negatives Extremszenario

Das Trend-Szenario beschreibt eine Trendverlängerung, die aus vergangenheitsbezogenen Daten, durch z.B. lineare Trendextrapolation bestimmt wird. Das positive Extremszenario (*best-case-scenario*) beschreibt die Zukunftsentwicklung, die unter idealen Bedingungen erreicht wird. Bei dem negativen Extremszenario *(worst-case-scenario)*, wird die schlechteste Zukunftsentwicklung aufgezeigt [Wein05]. Neben den drei Szenario-Grundtypen sollte mindestens ein Szenario berücksichtigt werden, dass die möglichen Störereignisse, die in der Zukunft auftreten können, beschreibt. Dieses Szenario berücksichtigt auch die Maßnahmen, die den Störereignissen entgegenwirken.

Um Zukunftsbilder zu entwerfen und daraus Entscheidungen für die Gegenwart ableiten zu können, orientiert man sich an einem Prozess von acht Phasen (Abb. 3.5-1).

Phase 1

Die Aufgabenanalyse legt eine genaue Definition und Strukturierung des Unternehmensumfeldes sowie eine präzise Aufgabenstellung fest. Hierbei werden die Ziele, die Strategien, die Stärken und Schwächen des Unternehmens in der gegenwärtigen Situation analysiert und durch aussagekräftige Kennzahlen (Deskriptoren) beschrieben.

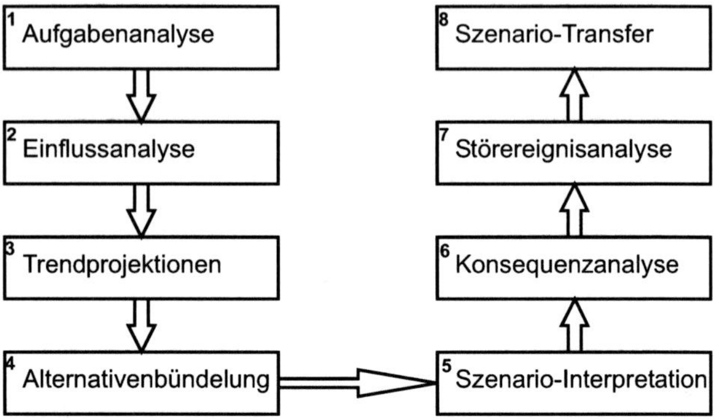

Abb. 3.5-1: Die acht Phasen der Szenario-Technik.

Phase 2 Die Einflussanalyse bestimmt möglichst alle externen Einflussfaktoren und Einflussbereiche. Die Vernetzung der einzelnen Einflussfaktoren und deren Auswirkung auf das Unternehmen sind zu analysieren.

Phase 3 Die Trendprojektion kennzeichnet die verschiedenen Einflussfaktoren, die in der zweiten Phase ermittelt wurden, durch beschreibende Kennzahlen (Deskriptoren). Anschließend wird vom Ist-Zustand der Einflussfaktoren deren zukünftige Entwicklung prognostiziert.

Phase 4 Die Alternativenbündelung überprüft die verschiedenen Alternativentwicklungen, die in der dritten Phase geschätzt wurden, auf ihre Konsistenz, Verträglichkeit und Logik. Für alle Einflussfaktoren wird eine aussagekräftige Auswahl konsistenter Deskriptoren zusammengestellt, um möglichst unterschiedliche Zukunftssituationen aufzuzeigen.

Phase 5 Die Szenario-Interpretation stellt alle in den vorangegangenen Phasen entwickelten Einflussfaktoren, Deskriptoren sowie die Zukunftssituationen in ausführlichen Szenarien dar. Aus diesen werden zwei alternative Szenarien, das positive Extremszenario (*best-case-scenario)* und das negative Extremszenario (*worst-case-scenario*), ausgestaltet und interpretiert.

Phase 6 Die Konsequenzanalyse leitet mögliche Chancen und Risiken aus den Szenarien ab und bewertet diese.

Phase 7

Die Störereignisanalyse ermittelt die möglichen internen und externen Störereignisse, die das Unternehmen beeinflussen oder verändern. Die Auswirkungen der Störereignisse auf die Szenarien sind zu bewerten und mit Reaktionsmaßnahmen zu versehen.

Phase 8

In der letzten Phase, dem Szenario-Transfer, wird aus den Chancen und Risiken, die in der Konsequenzanalyse erarbeitet wurden, eine Leitstrategie oder Alternativstrategien entwickelt. Hierbei sind die Einzelmaßnahmen, die den Störereignissen entgegenwirken sollen, in die strategische Unternehmensplanung zu integrieren [Reib92].

Beispiel: Szenarios in Excel

Gegeben ist der Bericht in der Abb. 3.5-2. Darin zeigt eine Hochrechnung die Buchungen bei einem Reiseveranstalter für einzelne Destinationen. Die Hochrechnung erfolgt auf Basis der Buchungen des aktuellen Jahres und eines angenommenen Wachstums. Das prozentuale Wachstum ist anzugeben und soll verschiedene Szenarien für eine optimistische und eine pessimistische Entwicklung widerspiegeln (Abb. 3.5-2).

Szenarien werden in Excel durch die Menüauswahl `Extras>Szenarien...` (in Excel 2007 `Daten>Datentools...`) angelegt. Es erscheint nachfolgender Dialog, in dem `Hinzufügen...` ausgewählt wird (Abb. 3.5-3).

Nach Angabe eines Szenarionamens (hier »`low`«), gibt man die Zellen an, die im Szenario variiert (`A1` wird durch `$D$7:$D$10` ersetzt) werden sollen und fügen ggf. einen Kommentar hinzu (Abb. 3.5-4).

Die Eingabe wird mit `OK` abgeschlossen. Anschließend erscheint eine Eingabemaske für die Zellen, die in diesem Szenario verändert werden sollen (Abb. 3.5-5).

Die zu diesem Szenario gehörenden Werte werden hier erfasst. Wiederholen Sie die obigen Schritte zum Anlegen eines Szenarios, bis die verschiedenen Szenarien sämtlich erfasst sind (Abb. 3.5-6).

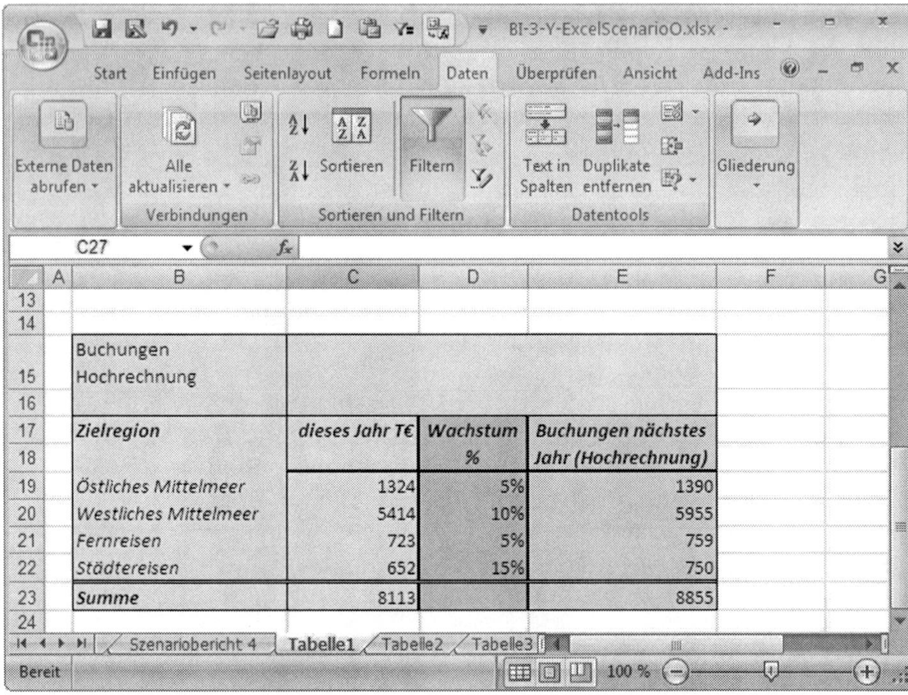

Abb. 3.5-2: Basisszenario.

Eine Übersicht über die angelegten Szenarien erhält man, indem der Szenario Manager wieder aus dem Menü gestartet wird. Man erhält nun eine Reihe von Szenarien (Anm.: hier »`worst`« und »`best`«, das Szenario »`low`« wurde wieder verworfen). Im Szenario Manager wählen Sie `Zusammenfassung...` und erhalten den Bericht in der Abb. 3.5-7.

Die Szenario-Technik trägt zur besseren Abschätzung zukünftiger Entwicklungen bei. Werkzeuge zur Unterstützung der *Business Intelligence* mit Planungsfunktionalität unterstützen den Aufbau von Szenarien. Im einfachsten Fall werden unterschiedliche Szenarien durch das Einfügen einer eigenen Dimension »Szenario« realisiert.

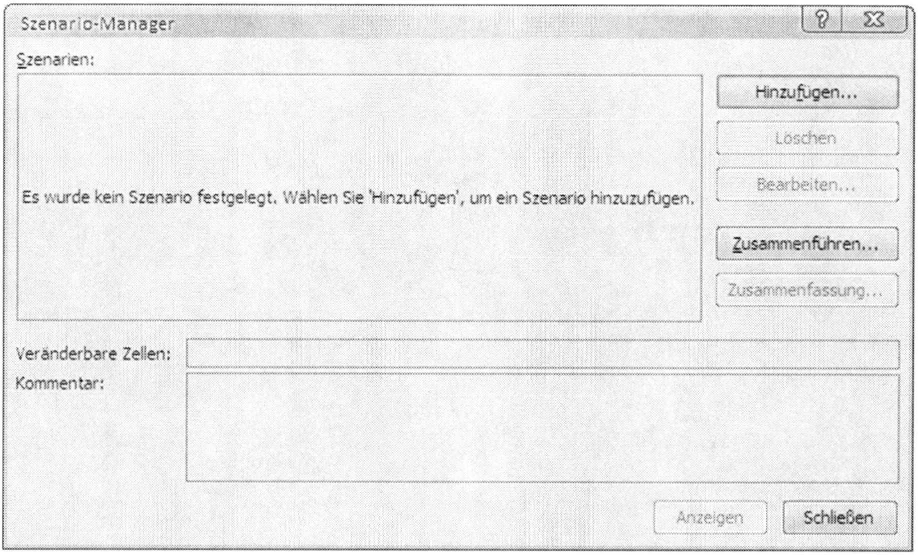

Abb. 3.5-3: Szenario-Manager.

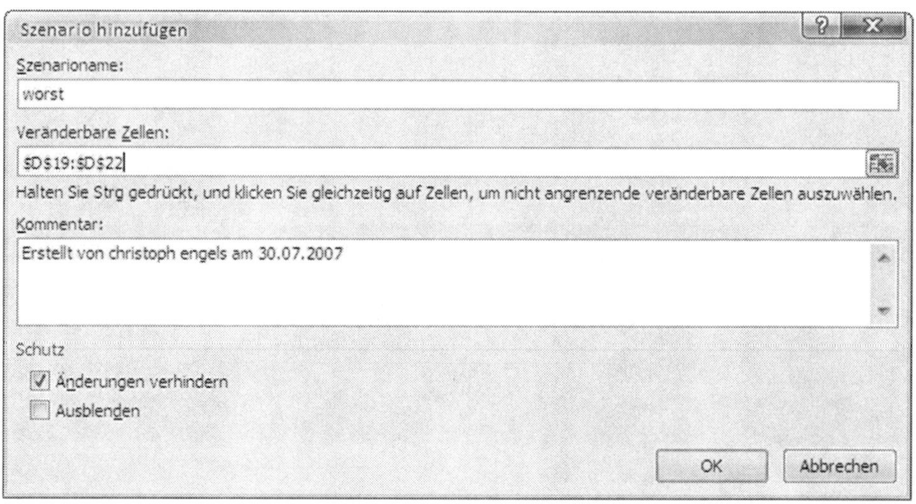

Abb. 3.5-4: Szenario hinzufügen.

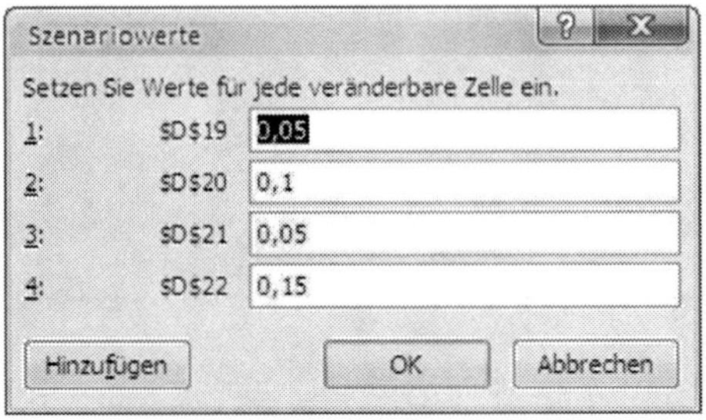

Abb. 3.5-5: Szenariowerte festlegen.

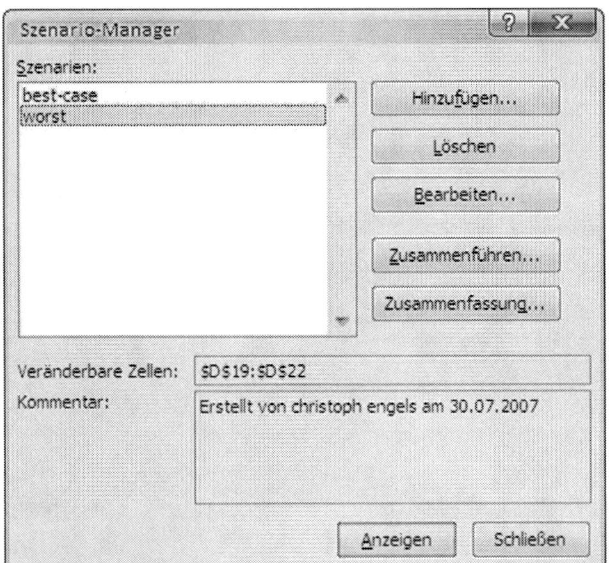

Abb. 3.5-6: Szenario-Manager.

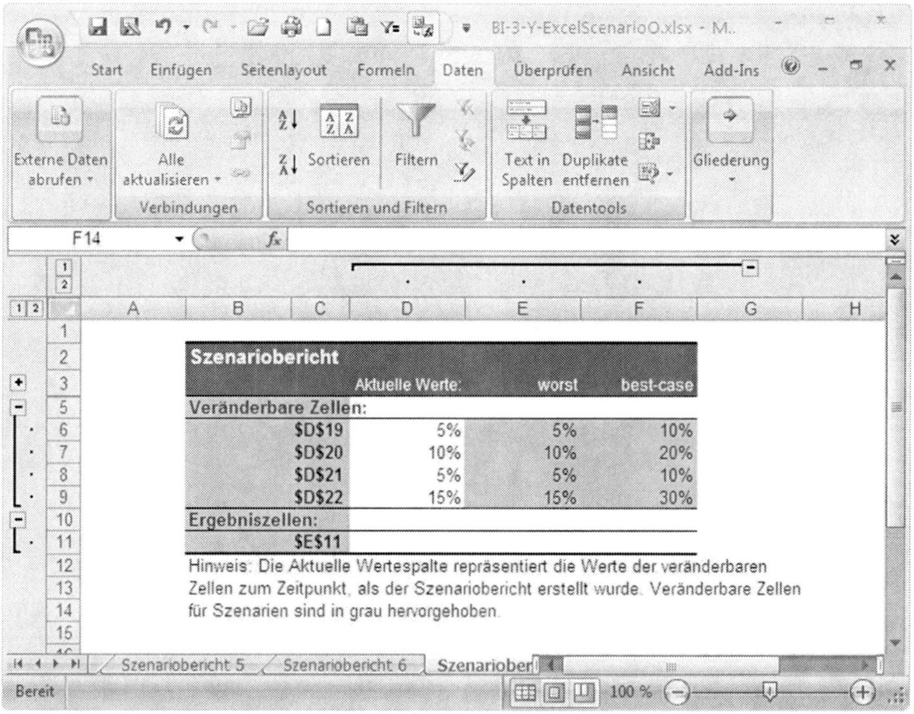

Abb. 3.5-7: Übersicht über die Szenarien.

3.6 *What-if* und *How-to-achieve* **

Das Erreichen eines vorgegebenen Zielwertes oder die Auswertung einer Basisgröße wird durch die What-if und How-to-achieve Betrachtung ermöglicht. Diese Methoden finden in der Planung und der Szenariotechnik Verwendung.

Während der Planung einer Periode werden verschiedene Annahmen über Kennzahlen getroffen. Die Annahmen sind gegeben als numerische Werte, die Randbedingungen beschreiben. Sie können die Basisgrößen, die Zwischengrößen und die Zielgrößen eines Rechenschemas betreffen. Bei einem gegebenen Rechenschema besteht eine vorwärtsgerichtete Abhängigkeit der Zielgröße von den Basisgrößen und eine rückwärtsgerichtete Abhängigkeit der Basisgrößen von der Zielgröße.

Wenn man die mathematische Beziehung zwischen *n* Basisgrößen und der Zielgröße betrachtet, gilt im Fall $n=1$:

Zielgröße = *f* (Basisgröße)

wobei *f* eine beliebige Funktion darstellt. Zwischengrößen ergeben sich dann, wenn ein mehrstufiges Rechenschema vorliegt, und einzelnen Kennzahlen gleichzeitig Basisgröße und Zielgröße darstellen. Anschaulich wird der Zusammenhang durch die Abb. 3.6-1 verdeutlicht.

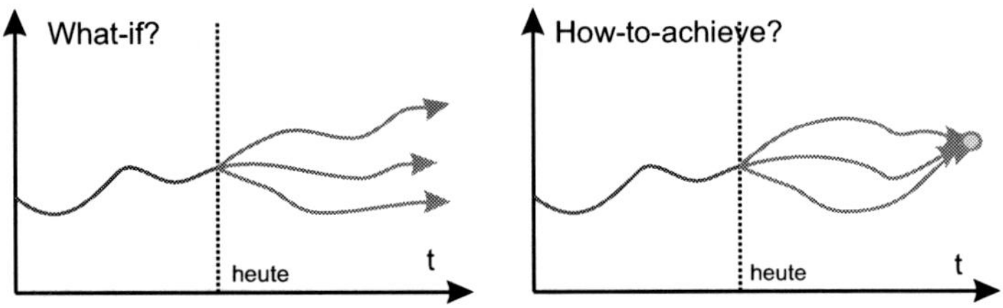

Abb. 3.6-1: Szenariotechnik mit *What-if* und *How-to-achieve* Ansatz.

Durch *What-if*-Analysen kann die Auswirkung einer Änderung einer Basisgröße auf die Zielgröße untersucht werden. Mathematisch entspricht dieses einer numerischen Ableitung der Funktion *f* nach der Basisgröße. Sie können damit untersuchen, wie »sensibel« die Zielgröße auf die Basisgrößenänderung reagiert. Daher bezeichnet man diese Analyse auch als Sensitivitätsanalyse.

What-if mit Excel

What-if Beziehungen können mit Excel einfach abgebildet werden. Die Basisgrößen werden in Zellen mit einfachen numerischen Werten abgelegt. Die Zielgröße wird als Formel über diese Basiszellen gebildet. Ändert sich der Wert einer oder mehrerer Basiszellen, so ändert sich der Wert der Zielzelle durch die automatische Berechnung der Formel direkt.

How-to-achieve mit Excel

Wenn das gewünschte Ergebnis einer einzelnen Formel, nicht aber der für die Formel benötigte Wert bekannt ist, verwendet man die Zielwertsuche. Dazu klickt man im Menü Extras auf Zielwertsuche (in Excel 2007 auf `Daten>Datentools>Was-wäre-wenn-Analyse>Zielwertsuche`). Bei der **Zielwertsuche** variiert Microsoft Excel den Wert in einer bestimmten Zelle, bis eine sich auf diese Zelle beziehende Formel das gewünschte Ergebnis zurückgibt. Als Reiseverstalter wollen Sie eine Luxusferienanlage für 100 Mio. EUR auf Kreditbasis erwerben, um auch zu nachfragestarken Terminen (z. B. während der Schulferien) verkaufsfähig zu sein. In der Abb. 3.6-2 liefert die Formel RMZ, die als Argumente den **Zinssatz**, die **Laufzeit** und die **Kreditsumme** erhält, die **konstante Zahlung** eines Annuitätendarlehens pro Periode zurück.

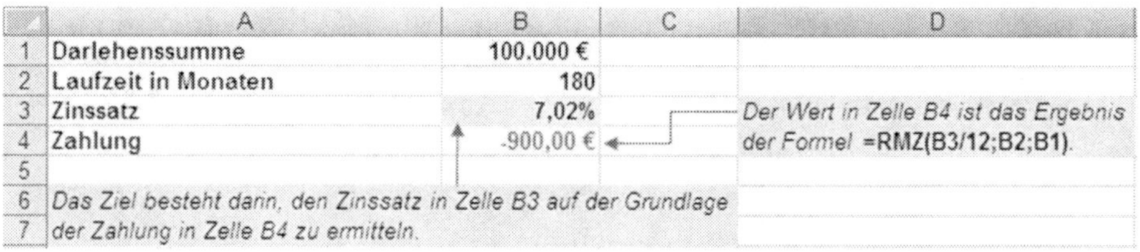

	A	B	C	D
1	Darlehenssumme	100.000 €		
2	Laufzeit in Monaten	180		
3	Zinssatz	7,02%		*Der Wert in Zelle B4 ist das Ergebnis*
4	Zahlung	-900,00 €		*der Formel* =RMZ(B3/12;B2;B1).
5				
6	*Das Ziel besteht darin, den Zinssatz in Zelle B3 auf der Grundlage*			
7	*der Zahlung in Zelle B4 zu ermitteln.*			

Abb. 3.6-2: Zielwertsuche (Angaben in TEUR).

Verwenden Sie die Zielwertsuche beispielsweise, um den **Zinssatz** in Zelle B3 solange zu erhöhen, bis der **Zahlungswert** in B4 genau 900 TEUR beträgt [Micr03] .

Die genannten Beispiele sind nur bei einfachen Rechenschemata anwendbar. Hängt die Zielgröße von mehreren Werten ab ($n > 1$), dann lässt sich die Zielwertsuche von Excel nicht anwenden. Hier ist die Verwendung des Excel-Solvers, der als zusätzliches Add-In installiert werden kann, notwendig. Ein weiteres Problem entsteht bei mehrstufigen Rechenschemata. Zwischengrößen in Excel können nicht gleichzeitig Werte aufnehmen und Zahlenwerte speichern. Will man auf den Zwischenebenen Wertevorgaben vorsehen, so wird die Formel überschrieben. Daher lassen sich solche Abhängigkeiten nicht direkt in Excel abbilden. Eine Trennung von Daten und Rechenschema ist daher in den Planungswerkzeugen der *Business Intelligence* vorgesehen, um solche Schemata flexibel abbilden zu können.

3.7 Produktplanung in der Touristik *

In der Touristik müssen Kapazitäten frühzeitig eingekauft werden, um das Katalogprogramm anbieten und kalkulieren zu können. Dabei gehen viele Dimensionen ein und sehr viele Unternehmensbereiche des Reiseveranstalters sind in diesen Planungsprozess eingebunden.

Für die touristische Produktplanung bildet die Datenerfassung eine wichtige Funktion. Um den Umfang der zu erfassenden Planwerte zu reduzieren, wird die Planwerterfassung auf die oberen Detaillierungsstufen der Planhierarchie beschränkt. Die für den Prozess der Grobplanung verwendeten Dimensionen und eine Auswahl der detaillierten Ebenen sind gegeben durch:

Dimension Kennzahlen →

- *Umsatz* = Vollzahlererlös – Preisermäßigung + sonstige Erlöse
- *Kosten* = Unterkunftskosten + Beförderungskosten + Transferkosten + Sonderleistungskosten
- Menge →
  - Produktvarianten
  - Produktvarianten mit Beförderung
  - Vorgänge

Dimension Saison →

- 2006 →
  - Winter
  - Sommer
- 2007 →
  - Winter
  - Sommer

Dimension Szenarien →

- Plan
- Actual

Dimension Programme →

- Z (preisreduziertes Angebot)
- F (Vollzahler Katalog)
- G (Nur-Flug Angebot)

Dimension Produkt →

- Mitteleuropa →
  - [...]
- Westliches Mittelmeer →
  - Kanaren →
    - [...]
  - Balearen →
    - PMI (Mallorca)
    - IBZ (Ibiza)
    - MAH (Menorca)
- Östliches Mittelmeer →
  - [...]
- Fernstrecke →
  - [...]

Die kursiven Kennzahlen bilden aus Formeln abgeleitete Größen. Aufgerissene hierarchische Dimensionen sind durch einen Rechtspfeil → gekennzeichnet. Die Dimension der **Programme** stammt aus dem Datenmodell des operativen Buchungssystems. Über dieses Kennzeichen werden zusätzliche Informationen wie Preisklassen oder Sonderaktionen kodiert. Anhand dieses Programmkennzeichens lässt sich z. B. unterscheiden, ob ein Kunde aus dem Katalog gebucht oder ein preisreduziertes Last Minute Angebot gewählt hat.

Eine typische Dimension für eine Planungsanwendung stellen die Szenarien dar. Die Planung beschäftigt sich mit einer Abschätzung zukünftiger Entwicklungen des Unternehmens. Unter verschiedenen Randbedingungen wie z. B. gesamtwirtschaftliche Entwicklung, Sonderereignisse, Modetrends ergeben sich verschiedene Geschäftsverläufe für das Unternehmen. Da diese Randbedingungen nur unter einer bestimmten Wahrscheinlichkeit eintreten, werden Annahmen getroffen und als Vorbedingung für ein Szenario festgelegt. Ein typisches Vorgehen ist die Abschätzung des schlechtesten Falls *(»worst case«)*, bei dem die pessimistischsten Randbedingungen zugrunde gelegt werden und des bestmöglichen Falls *(»best case«)*, bei dem die optimistischsten Randbedingungen angenommen werden. Daraus lässt sich unter der Annahme einer symmetrischen Verteilung der Erwartungswert als Mittelwert von *»worst case«* und

»best case« ableiten. Zusätzlich erhält man durch den Abstand zwischen »worst case« und »best case« Werten eine Abschätzung des Risikos. Ist der Abstand sehr gering, so erwartet man keine große Abweichung von unseren Planwerten, ist der Abstand groß, so ist das Risiko vom Erwartungswert abzuweichen hoch anzusetzen.

Betrachten Sie das Zusammenspiel zwischen Grobplanung, Feinplanung und Detailmengenplanung. Ziel der Planung ist es, sowohl auf der Gesamtunternehmensebene Erlöse, Mengen und Ergebnisse zu schätzen als auch auf der detaillierten Reisetermin, Produktvariantenebene Buchungsmengen für die zu planende Saison zu ermitteln. Allein auf dieser Detailebene kann eine Kosten- und Deckungsbeitragsrechnung durchgeführt werden, da hier die variablen Kostenbestandteile pro Leistungsbestandteil vorliegen.

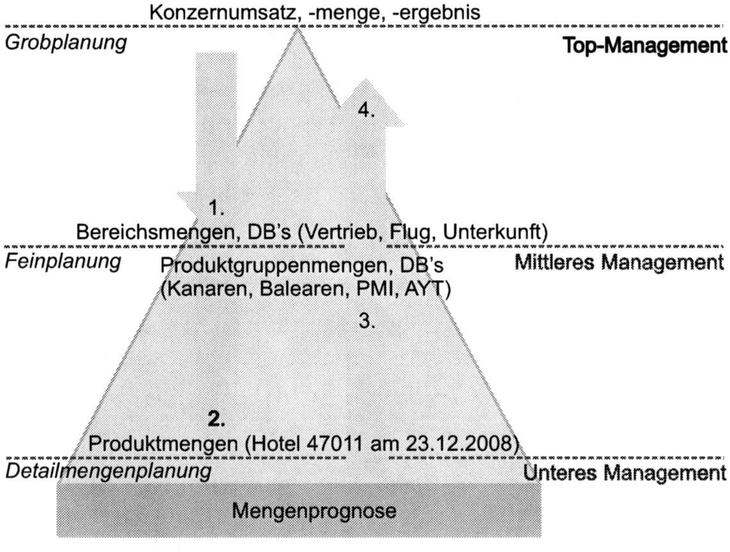

Abb. 3.7-1: Planungsprozess.

In einem ersten Schritt (Top-Down) gibt die Geschäftsleitung auf Basis der auf das Saisonende hochgerechneten Werte der laufenden Saison eine Gesamtschätzung für den Geschäftsverlauf ab. Diese Schätzung erfolgt unabhängig von einzelnen Reiseterminen auf der Ebene der Zielgebiete (Abb. 3.7-1). Bei dieser Schätzung gehen politische und strategische Überlegungen mit ein. Das Planungsresultat bilden absolute Werte für Umsatz, Mengen, Ergebnisse bzw. Deckungsbeiträge.

Die Abb. 3.7-2 zeigt einen *Screenshot* des OLAP-Planungssystems. In den Zeilen finden Sie das Ergebnisschema, wie es im obigen Dimensionsmodell in der Dimension Kennzahlen vorgestellt wurde.

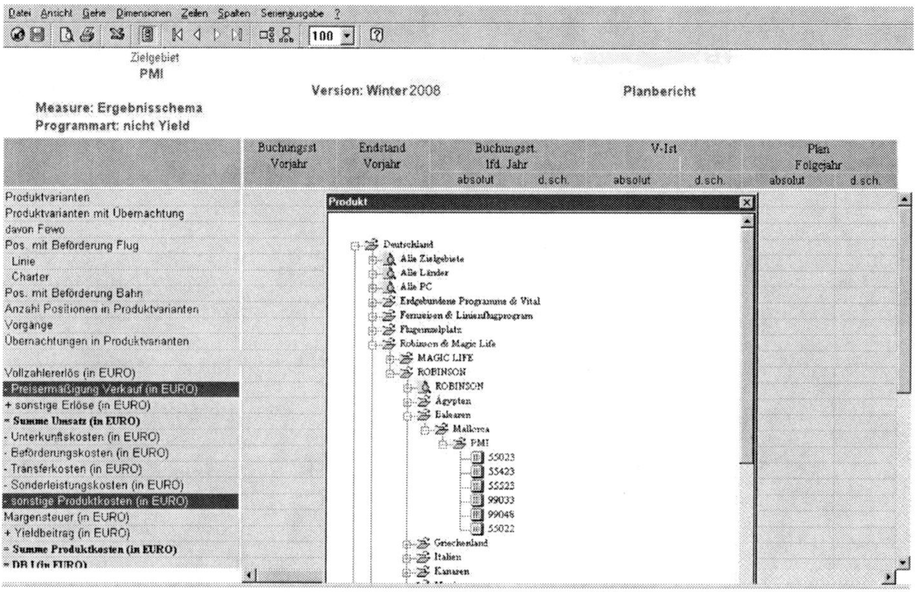

Abb. 3.7-2: OLAP-Planungssystem.

Das zentrale Fenster zeigt die Produktstruktur ausgehend von der »Deutschland« (Top-Ebene) bis zum »Robinson Club« auf Mallorca (»PMI«).

Der Reiseveranstalter ist in einer Matrix organisiert. Die direkt an der Wertschöpfung beteiligten Bereiche sind repräsentiert durch das Produktmanagement, den Vertrieb, die Beförderung und das *Yield-Management*. Im Planungsprozess stellt die konsistente horizontale Abstimmung zwischen diesen Bereichen eine zentrale Aufgabe dar. Unter der Berücksichtigung der Vorgaben durch die Geschäftsleitung müssen die Bereiche realistische Planwerte auf einer mittleren Detaillierungsebene finden. Betrachten Sie zur Verdeutlichung des Prinzips eine vereinfachte Abstimmung zwischen Produktmanagement und Beförderung (Abb. 3.7-3).

Produkt \ Abflughafen	Hotel 4711	Hotel 5923	Hotel 8732	Hotel 3245	
Düsseldorf	50	243	113	151	557
Dortmund	189	252	94	209	744
Köln/Bonn	312	176	162	171	821
Paderborn	162	89	251	126	628
	713	760	620	657	2750

Abb. 3.7-3: Planungsabstimmung.

Aus der Produktsicht steht die gelbe Spaltensummenzeile im Vordergrund, aus der Beförderungssicht die gelbe Zeilensummenspalte im Mittelpunkt. Beide müssen in der Summe aber wiederum die gleiche Menge an Buchungen ergeben. Das setzt voraus, dass die Matrixwerte entsprechend sinnvoll abgestimmt geplant werden. Für diese Planung ist ein OLAP-System mit Datenerfassungsfunktionalität und der Berichtsdarstellung in idealer Weise geeignet. In der Praxis ist dieser Prozess deutlich komplexer gestaltet, da die Zeitdimension der einzelnen Reisetermine, der Einfluss preisreduzierter Angebote durch *Yield*-Maßnahmen und das Vertriebspotenzial im Quellmarkt ebenfalls in die Planung eingehen. Ferner liegen in der Produktdimension hierarchische Strukturen vor, die die Komplexität in vertikaler Richtung erhöhen. Um diese Komplexität zu reduzieren, werden die Abstimmungen in einer Sequenz vorgenommen. Dazu stehen verschiedene Würfel, die verschiedene Abstimmungen unterstützen, zur Verfügung: Neben dem Produktwürfel, dessen Struktur Sie bereits in dem *Screenshot* gesehen haben, existiert ein Vertriebswürfel und ein Währungswürfel.

Die Ergebnisse der abgestimmten Planung werden im OLAP-System wieder aggregiert und zur Rückkopplung an die Geschäftsleitung kommuniziert.

Gleichzeitig werden auf Basis der historischen Daten und der bekannten Ereignisinformation (z. B. Ferien- und Feiertagsstruktur) Detailmengen der Unterkunftsprodukte, Unterkunftsvarianten und der Beförderung auf Terminebene als relative Verteilung prognostiziert (Bottom-Up-Ansatz). Im Datenmodell ist hierfür eine weitere Detaillierung der Produktdimension und der Zeitdimension vorgesehen:

Balearen →

- PMI (Mallorca)
- IBZ (Ibiza)
- MAH (Menorca)

2008 →

- Winter →
  - 01.10.2008
  - 02.10.2008
  - ...
  - 23.12.2008

Zur Schätzung der Verteilfaktoren werden Methoden des ***Data Minings*** und der Statistik herangezogen, um insgesamt ca. 40.000 Produkte zu allen Reiseterminen zu prognostizieren ([EnKo07] und [Enge97]). Die prognostizierten Verteilfaktoren dienen als initiale Schätzung auf Produktebene für den Planer auf Sachbearbeiterebene (Unteres Management).

Die obige Abb. 3.7-4 zeigt den prozentualen Anteil der jeweiligen Produkte (Hotels) in einem Zielgebiet aggregiert über alle Reisetermine.

Die Prognose und Planung auf dieser Ebene findet in einem eigenen IT-System statt, welches auf RDBMS-Basis mit **Java**-Berichts-*Frontend* realisiert wurde. Die Schätzung der Werte als anteilige Verteilfaktoren birgt den Vorteil, dass diese Werte (ca. 1.000.000 Werte) konstant gehalten werden können, wenn die Ergebnisse von Grob- und Feinplanung und Detailmengenplanung integriert werden.

Die Integration erfolgt in einem zweiten Schritt: Die absoluten Werte der Grob- und Feinplanung werden mit den Verteil-

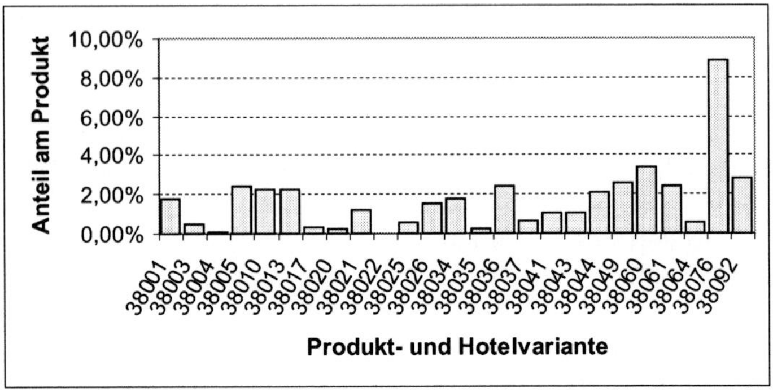

Abb. 3.7-4: Prognose als Initialschätzung für die Planung.

faktoren der Detailmengenplanung multipliziert. Als Ergebnis erhält man die absoluten Mengen auf den detaillierten Ebenen der Produktdimension für jeden Reisetermin.

Der gesamte **Planungsprozess** erfolgt über einen Zeitraum von drei Monaten für eine zu planende Saison. Die Planwerte sind Teil des TUFIS *Data Warehouse*-Datenmodells und werden aktualisiert zurückgeschrieben. In der Praxis arbeiten die Planer jedoch auf einem gespiegelten Teilmodell des *Data Warehouses*, welches die Planungsdaten aufnimmt. Dieses Vorgehen isoliert den hohen Datenverkehr während des Planungsprozesses auf dem Teilmodell der Planung. Erst nach Abschluss des Planungsprozesses und der Planfestschreibung werden die Ergebnisse in das »echte« *Data Warehouse* überführt. Neben der Übereinstimmung der Datenmodelle sind beide Datenbanken (TUFIS *Data Warehouse* und Planungsdatenbank) unter einer IBM DB/2 UDB® implementiert, wodurch der Datenaustausch vereinfacht wird. Die im TUFIS *Warehouse* abgelegten Planwerte dienen dem Einkauf, Produktmanagement, *Yield Management* und der Beförderung als Vorgabe und bilden eine Datenbasis für das Controlling [MoEn97].

Planungssysteme: Trends

Während analytische Berichtssysteme bereits eine große Verbreitung in den mittleren und größeren Unternehmen besitzen, finden Planungssysteme nur selten Einsatz. Wenn Sie sich die Komplexität der Planung vor Augen halten, scheint eine systemtechnische Unterstützung unausweichlich. Sicherlich bildet die Planung in der Touristik einen sehr komplexen Planungsprozess ab. Dennoch verwundert es, dass 95 % der Unternehmen ihre Planung heutzutage nur papiergestützt oder mit Hilfe von Excel durchführen [Barc02]. Dies bedeutet für die Praxis, dass bis zu 500 Excelblätter miteinander verknüpft werden, um die Komplexität abzubilden, wie ein bekannter Nahrungsmittelhersteller berichtet [Enge02]. Da Szenarien, Versionsverwaltung und Benutzerautorisierung mit solchen Mitteln nur unzureichend abzubilden sind, erhöht sich die Fehleranfälligkeit der Planung. Auf der anderen Seite ergibt sich durch neue Anforderungen der Fremdkapitalgeber (z. B. Richtlinien durch **Basel II** und Analystenbewertungen) die Notwendigkeit exakte Planungen zu erstellen, die tatsächlich auch eingehalten werden.

3.8 Kampagnenunterstützung *

Kampagnenunterstützung bildet eine Teilanwendung der *Business Intelligence*. Voraussetzung für einen effizienten Einsatz stellt die Verfügbarkeit der Komponenten *Data Warehouse*, *Data Mining*-Methoden und Berichtssystem dar. In den verschiedenen Phasen der Kampagne von der Analyse über die Planung und die Durchführung bis hin zur Evaluierung wird auf diese Elemente der *Business Intelligence* zurückgegriffen.

Kampagnenunterstützung durch *Business Intelligence*

Für den Erfolg von Kampagnen ist es wichtig, Daten über die Kunden zu erfassen, zu verwalten und aufzubereiten, um so die Entscheidung über Art und Umfang von Kampagnen, die Planung und die Durchführung zu unterstützen. Kampagnenunterstützung bildet ein Anwendungsgebiet für *Business Intelligence*.

Voraussetzungen

Bestandteile einer erfolgreichen Kampagnenunterstützung durch *Business Intelligence* sind u. a. gegeben durch ein *Data Warehouse*, *Data Mining* und ein System zur Generierung von *Reports*, die ähnlich wie in der »Information Supply Chain«, S. 122, zusammenarbeiten (Abb. 3.8-1):

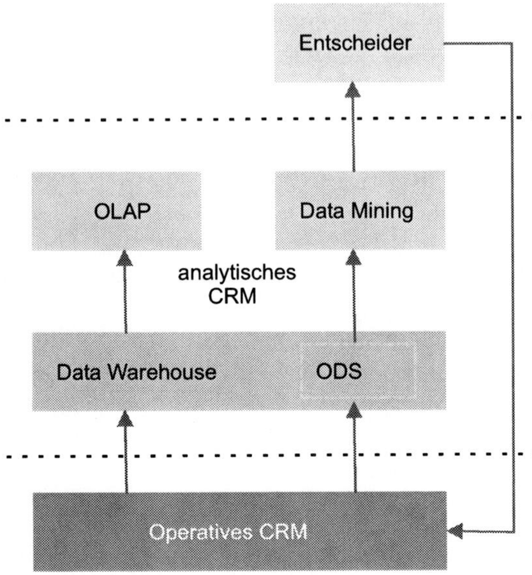

Abb. 3.8-1: Datenfluss bei Kampagnen.

operatives CRM

Durch das **operative CRM** erhält das Unternehmen die Merkmale über einzelne Kunden. Dieses beinhaltet Daten aus den bisherigen Käufen, wie Bestell- und Adressdaten, die z. B. über Bestellvorgänge oder Kundenkarten ermittelt werden, aber auch Daten aus allen anderen Kundenkontakten, wie z. B. Reklamationen, Anfragen etc. Diese Daten liegen, je nach Unternehmen, in verschiedenen Anwendungen vor.

Data Warehouse

Die einzelnen Datenquellen werden bereinigt und aufbereitet und in dem *Data Warehouse* zusammengeführt. Neben den Daten aus dem eigenen Unternehmen lässt sich dieser Speicher auch um externe Daten ergänzen. In das *Data Warehouse* sind z. B. zur Kundenakquise zugekaufte Adresslisten ebenfalls integrierbar. Während das *Data Warehouse* die Daten verdichtet und in aggregierter Form für verschiedene Auswertungen und Berichte zur Verfügung stellt, benötigt das Kampagnen-Management zusätzlich auch weiterhin die operativen Einzeldaten. Diese lassen sich in dem **ODS**, dem *Operational Data Store*, ablegen, der einen Sonderbereich des *Data Warehouse* darstellt. Hier findet die Datenbereinigung (vgl. »Datenbereinigung«, S. 161) und Speicherung in *nicht* aggregierter Form statt. [BaGü04] unterscheidet den *Operational Data Store* von dem Konzept einer **Basisdatenbank**: Während die Basisdatenbank die operativen Daten über mehrere Perioden historisiert speichert, erlaubt der **ODS** nur die Speicherung über eine einzige Periode.

Data Mining unterstützt Entscheider

Sind die Zusammenhänge zwischen Kundenmerkmalen und Kundenverhalten dem Anwender nicht explizit bekannt, bedient man sich der Verfahren des *Data Mining*. *Data Mining* Methoden greifen auf die Datensätze des ODS zur automatischen Auswertung zu. So entsteht aus den Einzeldaten zur Vorhersage des Kundenverhaltens entscheidungsrelevantes Wissen. Aufbauend auf diesem Wissen werden nun die Kampagnen geplant. Die Durchführung der Kampagnen stellt dann wieder eine Aufgabe des **operativen CRM** dar, die für Entscheidungs-Ebene die hierfür benötigten Daten übermittelt.

Rückfluss der Kampagnen -daten

Mit der Durchführung einer Kampagne fallen neue Daten an, zum einen Daten über die Durchführung selbst, zum anderen Daten über die Reaktion der Kunden und somit über den Kampagnenerfolg. Diese Daten werden nun wieder in das **ODS** überführt. Hier dienen sie als einfache Datenbasis für weitere Kampagnen. Gleichzeitig kann aber auch die Qualität der Kampagne analysiert werden, um so das Ergebnis bei folgenden Aktionen zu verbessern. Die in das »normale« *Data Warehouse* eingestellten und aggregierten Daten können mittels OLAP analysiert und weiterverarbeitet werden. So können zum Beispiel Berichte über die Kampagnenaktivität erstellt werden, bei denen nur der Erfolg der einzelnen Kampagnen verglichen wird.

Kampagnenmanagement

Kampagnen durchlaufen verschiedene Phasen:

Analyse

Vorbereitung

Die Kundendatenbestände werden bezüglich bereits enthaltener Abhängigkeiten auf Basis von *Data Mining*-Verfahren (z. B. Finden von Assoziationsregeln zur Warenkorbanalyse im ***Cross-Selling*** oder ***Up-Selling***) untersucht, die aufgrund der großen Datenvolumina manuell nicht erkennbar sind.

Planung

Kampagne, Zielgruppe, Kanal

In der Planungsphase wird festgelegt, welche **Art von Kampagne** ausgeführt werden soll, welche **Zielgruppe** anzusprechen ist und welcher **Kommunikationskanal** zu verwenden ist.

Die Planung der Kampagne hängt dabei zum einen von der Unternehmensstrategie ab, die vom Management vorgegeben ist, zum anderen stützt sie sich auf das in den Daten des *Data Warehouse* verborgene Wissen.

Gruppenbildung

Dieses Wissen wird insbesondere durch die Bildung von Kundengruppen über Clusterverfahren erzeugt. Die Bildung einer Gruppe basiert im Allgemeinen auf ähnlichen Merkmalen, relativ homogenen Interessen der Kunden oder einem gleichartigen Kaufverhalten. Eine einfache Bildungsregel wäre so beispielsweise die Auswahl aller Kunden mit einem Alter zwischen 30 und 40 Jahren, da diese besonders häufig »Family Reisen« buchen. Neben der Kombination einer Vielzahl solcher Kriterien können durch das *Data Mining* aber auch nicht so offensichtliche Verbindungen und Kriterien zur Gruppenbildung aufgespürt und berücksichtigt werden. Die obige Bildungsregel lässt sich beispielsweise so erweitern, dass nur Kunden ausgewählt werden, die das Produkt »Family Reisen« gebucht haben und in den letzten drei Jahren mindestens fünfmal bei dem Unternehmen gekauft haben. **Zielgruppen** lassen sich so genauer abgrenzen und die Kampagne genauer auf diese Zielgruppe ausrichten. Die Größe einer Gruppe und der Grad ihrer Homogenität hängt immer davon ab, wie individuell eine Kampagne gestaltet werden soll.

Response-Optimierung

Durch eine genauere Abgrenzung verringern sich die Streuverluste: Die Zahl der Kunden, die angesprochen werden, aber nicht reagieren, sinkt. Das Verhältnis von Antworten zu Aussendungen verbessert sich weiter, wenn innerhalb der Gruppe die Kunden ausgewählt werden, die eine höhere **Antwortwahrscheinlichkeit** besitzen. Die Auswahl, Abgrenzung und Verfeinerung innerhalb der Gruppe wird auch als ***Response*-Optimierung** bezeichnet.

Antwortwahrscheinlichkeit

Die Abb. 3.8-2 zeigt eine Gruppe, die insgesamt 600.000 Personen umfasst. Die durchschnittliche ***Response*-Quote** beträgt 10 Prozent. Bei einer zufälligen Auswahl von Personen

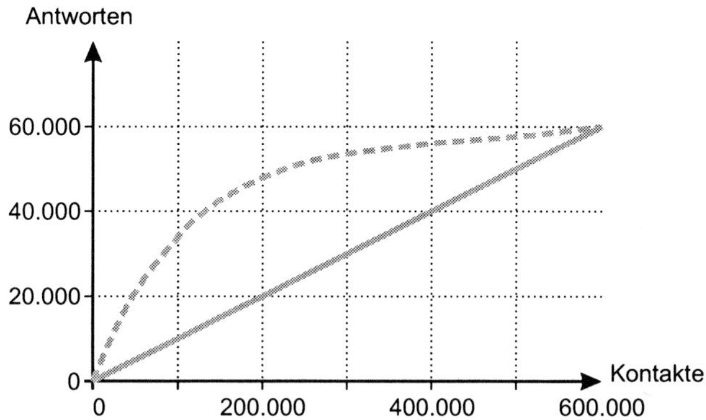

Abb. 3.8-2: Lift-Chart.

entwickelt sich die Zahl der Antworten entlang der roten Geraden. Werden jedoch zuerst die Personen kontaktiert, die die höchste Antwortwahrscheinlichkeit besitzen, liegt die Quote am Anfang deutlich höher (strichlierte Kurve). Interessant ist die Identifikation dieser Kunden und die Bildung einer entsprechenden Rangfolge, wenn nur ein beschränktes Budget für die Kampagne zur Verfügung steht, sodass nur ein Teil der Gesamtgruppe angesprochen werden kann.

Antwort-Optimum

Das **Antwort-Optimum** liegt bei etwa 200.000 Kontakten, da hier der Abstand zwischen den beiden Kurven maximal ist. Jenseits dieses Optimums sinkt die Antwortwahrscheinlichkeit für jeden zusätzlichen Kontakt unter den Durchschnitt von 10 Prozent. So resultieren in der Abbildung aus den letzten 300.000 Kontakten weniger als 10.000 Antworten. Auch wenn das Budget mehr als 200.000 Kontakte ermöglicht, muss überlegt werden, ob diese Mittel für diese Kampagne oder besser in eine andere mit entsprechend besserer Antwortwahrscheinlichkeit investiert werden sollen.

Kommunikationskanal

Durch die vorhandenen Daten kann weiterhin überprüft werden, ob es innerhalb einer Gruppe bezüglich des **Kommunikationskanals** bestimmte Präferenzen gibt. So wird das am besten geeignete Medium ermittelt, oder gegebenenfalls die Gruppe weiter untergliedert, um die Teilgruppen dann jeweils über den richtigen Weg ansprechen zu können.

Kampagnensimulation

Das *Data Mining* bietet daneben die Möglichkeit, die geplante Kampagne zu simulieren. Aktionen, die nicht den gewünschten Effekt erzielen, können so erkannt und entweder überplant und verbessert oder gar nicht erst zur Ausführung gebracht werden.

Neben der Antwortwahrscheinlichkeit können auch andere Merkmale des Kunden bewertet und zur **Bildung einer Rangfolge** genutzt werden. Über die Anzahl und die Bewertung der einzelnen Einkäufe lassen sich beispielsweise besonders wertvolle Kunden ermitteln. In Zusammenhang mit Merkmalen, die auf eine Kündigung oder sinkendes Interesse schließen lassen, bilden sie eine wichtige Grundlage für Aktionen zur **Kündigungsprophylaxe**. Durch Übertragung des Profils von profitablen Kunden auf den Gesamtmarkt können bei **Akquise-Kampagnen** gezielt Konsumenten mit entsprechenden Merkmalen aus zugekauften Datenbeständen selektiert werden. Die oben angesprochene Zielgruppe kann um Kunden ergänzt werden, deren Antwort zwar etwas unwahrscheinlicher ist, die dafür aber einen höheren Einkaufswert erwarten lassen (Zielgruppen-Optimierung).

Qualität

Für die Planung gilt aufgrund des »Gesetzes der Grossen Zahlen«: Je mehr Daten vorliegen und je detaillierter diese sind, desto genauer kann analysiert werden. Dieses umfasst die Bildung von Gruppen und die Rangfolgenbildung innerhalb der Gruppe, die Auswahl des Kommunikationskanals, die Untersuchung hinsichtlich des Potenzials von Kampagnen sowie deren Simulation. Je mehr Kampagnen durchgeführt und analysiert werden, desto genauer werden auch die Vorhersagen.

Da die Analyse jeweils auf den Basisdaten der Kunden aufsetzt, wird die Bedeutung des **ODS** im Vergleich zum »normalen« *Data Warehouse* deutlich. Durch das Vorhalten der Einzeldaten ist es möglich, jederzeit neue oder genauer spezifizierte Analysen durchzuführen. So können zu jedem Zeitpunkt neue Daten und zugekaufte Datensätze integriert, bestehende Gruppen angepasst, neue Kunden bestehenden Gruppen zugeordnet und neue Gruppen gebildet werden.

Ausführung

Promotionen durchführen

In der Ausführungsphase erfolgt die Zuweisung der durch die Planung bestimmten Gruppen zu den entsprechenden Kommunikationskanälen. Für die spätere Analyse können Teilgruppen als **Kontrollgruppen** eingerichtet werden, die bei dieser Kampagne nicht kontaktiert aber hinsichtlich ihres Verhaltens im Kampagnenzeitraum ebenfalls analysiert werden. Zur Dokumentation findet eine **Historisierung** der geplanten und durchgeführten Kontakte statt. Die einzelnen Promotionsaktionen werden schließlich durch das **operative CRM** zur Ausführung gebracht.

Evaluierung

Bewertung

Während der Evaluierungsphase ist der Erfolg der Kampagne zu beschreiben und auszuwerten. Hierzu werden zunächst die Reaktionen aus den Kontakten gesammelt. Durch verschiedene Vergleiche von Soll- zu Ist-Werten lässt sich der Erfolg der Kampagne bewerten. So wird nach Ende des Beobachtungszeitraums u. a. aus dem Verhältnis der Antworten zu den Kontakten die ***Response*-Quote**, bezogen auf die Gruppe oder auch bezogen auf einen Kommunikationskanal, errechnet. Bei der Betrachtung der Umsatzentwicklung ist das Ergebnis der kontaktierten Kunden mit dem Ergebnis der nicht kontaktierten **Kontrollgruppe** zu vergleichen. Das Ergebnis erfährt so eine Bereinigung um Beeinflussungen durch andere Entwicklungen, wie beispielsweise einem generell gestiegenen Interesse an dem Produkt. Schließlich wird in der Evaluierungsphase durch den Vergleich der Kampagnenkosten zu deren Nutzen der ***Return on Investment*** (ROI) der Kampagne berechnet.

Ablage im *Data Warehouse*

Die Speicherung typischer Messgrößen, wie *Response*-Quote, Umsatzentwicklung, ROI und die Erreichung bzw. Abweichung der jeweiligen Planwerte, erfolgt im *Data Warehouse* gespeichert. Sie stehen dann für Auswertungen über OLAP und die Generierung von Berichten in den verschiedenen Sichten zur Verfügung, beispielsweise für Vergleiche zwischen verschiedenen Kampagnen oder die Auswertung der Entwicklung der Buchungszahlen in der Verkaufssicht.

Analyse

Nach der Auswertung der Kampagne hinsichtlich der Zielerreichung wird in einem weiteren Schritt analysiert, welche Gründe für verschiedene Abweichungen verantwortlich sind. Die Ergebnisse dieser Analysen fließen dann wiederum in die Planung der nächsten Kampagnen mit ein. Sie dienen so einer verbesserten Planung und präziseren Vorhersagemodelle und sollen damit die Qualität nachfolgender Kampagnen erhöhen.

Kampagnen-Kreislauf

Mit der Analyse der durchgeführten Kampagne als Grundlage für die nächste Kampagne schließt sich somit ein Kreis aus Analyse, Planung, Ausführung und Evaluierung (Abb. 3.8-3).

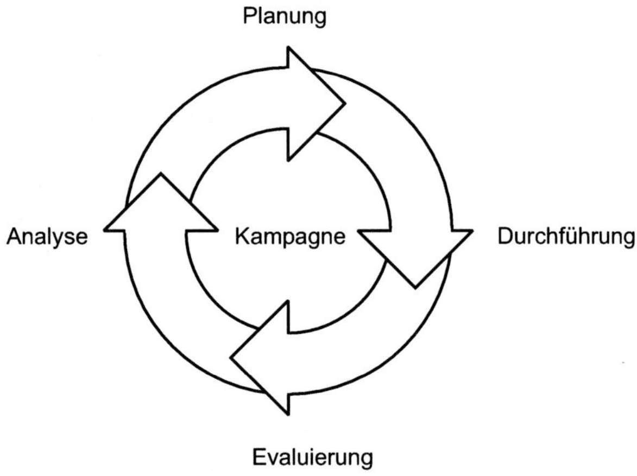

Abb. 3.8-3: Kampagnen-Kreislauf.

mehrstufige Kampagnen

Häufig bestehen Kampagnen nicht aus einer einzigen Aktion, sondern aus einem Bündel von Aktionen, die in einer zeitlichen Reihenfolge stehen. Hierzu wird ein **Zeitplan** erstellt, der die genauen Zeitpunkte für die Ausführung der einzelnen Aktivitäten festlegt. *Business Intelligence* ermöglicht, schon die einzelnen Schritte der Kampagne nach ihrer Durchführung jeweils zu analysieren und so innerhalb einer laufenden Kampagne die nächste Stufe entsprechend anzupassen. Die Gesamt-Kampagne wird so schon während ihrer Laufzeit optimiert.

Koordination von Kampagnen

Da im Allgemeinen eine größere Anzahl von Kampagnen durchgeführt wird, einige davon parallel, sind Koordinationen unerlässlich. Das umfasst die Abstimmung hinsichtlich der Zeiten und Ressourcen wie auch **Priorisierungsregeln**. Wenn ein Kunde bei der Zielgruppenbestimmung mehrerer Kampagnen ermittelt wird, legen Priorisierungsregeln fest, welcher Kampagne der Kunde tatsächlich zuzuordnen ist. Damit ist gewährleistet, dass Kunden nicht durch ähnliche Kampagnen mehrfach angesprochen werden. Grundlage hierfür ist u.a. die **Kontakthistorie**. Durch die Festlegung einer maximalen Anzahl von Kampagnen bzw. Aktionen je Kunde wird zudem eine Überflutung durch zu viele Kampagnen vermieden. Zur Festlegung, welcher Kampagne eine Kunde zuzuordnen ist, kann u.a. der Kundenwert des Kunden in den jeweiligen Kampagnen analysiert und verglichen werden.

Business Intelligence in der Kampagnenunterstützung

Merkmale

Durch die Bereitstellung der Daten, die vielfältigen Analysemöglichkeiten und die schnelle Verfügbarkeit von Ergebnissen weist *Business Intelligence* für die Kampagnenunterstützung folgende Merkmale auf:

- Berücksichtigung eines großen Datenvolumens
- Erkennen von Kampagnen-Potenzialen
- Erstellung von differenzierten Zielgruppen
- Individualisierte Kundenkontakte
- Effektive Nutzung von Kommunikationskanälen
- Höhere Kampagnenfrequenz
- Kürzere Planungszeit
- Erhöhung der ***Response*-Quote** aus der angesprochenen Kundenmenge
- Erhöhung des *Return on Investment (ROI)* einer Kampagne
- Koordination von Kampagnen

3.9 Kampagnenunterstützung in der Touristik *

Zur Steigerung des Umsatzes bei einem Reiseveranstalter werden drei Kampagnen geplant, ausgeführt und abschließend bewertet.

Ausgangssituation

Dem Umsatzrückgang bei einem Reiseveranstalter soll durch Durchführung von Marketing-Kampagnen begegnet werden.

Kampagne Bildungsreise

Im Kampagnenmanagement entscheiden Sie sich, zunächst den vorhandenen Kundenstamm zu nutzen. Die Analysen zeigen, dass Sie im Bereich der Bildungsreisen einen Kreis von Kunden haben, die schon mehrmals bei Ihnen gebucht haben; die Wahrscheinlichkeit einer erneuten Buchung ist im Vergleich zu anderen Kunden als größer anzusehen. Außerdem verfügen Sie über umfangreiche Informationen (z. B. Alter, Durchschnittsumsatz pro Jahr, gebuchte Produktgruppen) über diese Kunden. Sie planen daher für diese Zielgruppe eine sehr individuelle *Mailingaktion* (bevorzugter Kanal dieser Zielgruppe). Dazu unterteilen Sie die Gruppe nach bevorzugten Reisezielen im In- und Ausland; die Gruppe Inland unterteilen Sie noch einmal nach Regionen, damit die Kunden nicht Angebote zu Zielen in ihrer unmittelbaren Umgebung erhalten. Zur Verbesserung der Response-Quote analysieren Sie, wie die einzelnen Kunden auf solche Kampagnen reagieren. Sie entscheiden sich, nur die ersten 45 Prozent der Gruppe zu kontaktieren, die immerhin fast 90 Prozent der erwarteten Antworten umfassen; das eingesparte Budget wollen Sie für andere Kampagnen verwenden. Aus den verbliebenen 55 Prozent ermitteln Sie weitere 5 Prozent, deren Antwortwahrscheinlichkeit zwar geringer ist, die bisher aber immer Reisen im Wert von über 3000 EUR gebucht hat.

Kampagne Strandurlaub

Parallel zur Bildungsreisen-Kampagne planen Sie eine Aktion für Strand-Urlauber. Diese Gruppe ist zwar deutlich größer, die Kundenbindung aber viel geringer. Da viele dieser Kunden erst einmal bei unserem Reiseveranstalter gebucht haben, besitzen Sie nur ungenaue Informationen. Sie planen daher für diese Zielgruppe eine weniger spezielle Kampagne mit allgemeineren Angeboten. Gemäß der Informationen aus den historischen Buchungsvorgängen (bisherige Buchungen im Reisebüro oder über Internet) unterteilen Sie diese Gruppe: Gut 80 Prozent werden mit *Mailings* angeschrieben, 20 Prozent werden per E-Mail kontaktiert. Sie lassen die Antwortwahrscheinlichkeit in den Gruppen analysieren und wählen die ersten 30 Prozent (Mailing) bzw. 40 Prozent (E-Mail) aus. Um Doppelkontakte zu vermeiden, gleichen Sie die Gruppe der Bildungsreisenden gegenüber den Strand-Urlaubern ab. Wenn Kunden bisher häufiger Bildungsreisen gebucht haben, werden sie dieser Gruppe zugeordnet. Ist danach noch keine Zuordnung möglich (jeweils gleich viele Buchungen), soll der Wert in der jeweiligen Kampagne ermittelt und eine entsprechende Zuordnung erfolgen.

Ausführung

Nach einer zufriedenstellenden Simulation übermitteln Sie die Daten an die Kollegen. Diese bilden für Analysezwecke jeweils eine kleine Kontrollgruppe, erhalten aus dem ODS die postalischen bzw. E-Mail Adressen und führen die Aktionen aus.

Auswertung und Analyse

Nach drei Wochen betrachten Sie die Ergebnisse für die Strand-Urlauber. Die Response-Quote ist etwas niedriger als erwartet, woraus sich ein geringer *Return on Investment* (ROI) für diese Kampagne ableitet. In der Analyse stellen Sie unter anderem fest, dass die Antwortwahrscheinlichkeit bei etlichen Kunden mit einer bestimmten Merkmals-Kombination (Alter: 20 bis 25, bisher gebuchte Hotels: 3 Sterne, Buchung über: Internet) etwas zu hoch angesetzt war. Für diese Gruppe wird die Berechnung der Antwortwahrscheinlichkeit angepasst.

Kundenakquise

Um neue Kunden zu akquirieren, haben Sie bei Adresshändlern weitere Datensätze gekauft. Diese werden in den *Operational Data Store* (ODS) integriert und doppelte Datensätze ausgefiltert. Mit dem Wissen aus der Strand-Urlauber Kampagne lassen Sie das *Data Mining* aus den neuen Datensätzen potenzielle Neukunden ermitteln. Dabei werden von den Kunden, die gebucht haben, typische Merkmalsausprägungen ermittelt und diese wiederum bei den neuen Datensätzen gesucht. Auf diese Gruppe wenden Sie wieder die Strand-Urlauber-Kampagne mit aktualisierten Angeboten an. Bei der Auswertung dieser Kampagne nach weiteren drei Wochen stellen Sie fest, dass die tatsächliche Response-Quote der geplanten zwar immer noch nicht entspricht, die Abweichung gegenüber der ersten Kampagne aber deutlich geringer geworden ist.

Report

Für ein Zwischenfazit lassen Sie nach sechs Wochen Ihre Kampagnenaktivität über **OLAP** analysieren. In der Gegenüberstellung der Kampagnen wird deutlich, dass der *Return on Investment* (ROI) der Bildungsreisen-Kampagne deutlich höher war als bei den Strand-Urlauber-Kampagnen. Da die Zahl der Kunden in dieser Gruppe jedoch niedriger lag als bei den Strand-Urlaubern, liegt der Anteil an der Umsatzsteigerung nur bei 25 Prozent. Sie beschließen daher, weitere Kampagnen zur Gewinnung von Kunden im Bereich der Bildungsreisen durchzuführen.

3.10 Visualisierung **

Es existieren eine Vielzahl von verschiedenen grafischen Darstellungsarten für Kennzahlen und Strukturen, z. B. Säulen- und Liniendiagramme. Aufgrund der menschlichen Wahrnehmung erzielen die Darstellungsformen für den Betrachter unterschiedliche Wirkungen, die verschiedene Interpretationen der Kennzahlen bewirken. Dieser Unterschied ergibt sich beispielsweise bei der absoluten und anteiligen Darstellung von Werten.

In diesem Kapitel werden die Formen und Funktionen der Visualisierung vorgestellt, die neben der zahlenbasierten Darstellung eine Alternative zur Kennzahlenaufbereitung darstellt.

Visualisierung

Visualisierung dient dazu, Daten in eine angebrachte, verständliche Form zu bringen. Die Wahrnehmung des Menschen beschäftigt unter allen Sinnen den größten Teil des Gehirns, dem visuellen Cortex, mit der Verarbeitung von Bildern. Daher gilt: »Ein Bild sagt mehr als tausend Worte«. Die Nutzung dieser Fähigkeiten bietet sich daher bei der Verarbeitung und Analyse großer Datenmengen an. Gleichzeitig bleibt die Komplexität der visuellen Verarbeitungsleistung auf maximal drei Dimensionen beschränkt. Somit wird in hochdimensionalen Datenmodellen immer eine Dimensionsreduktion oder -auswahl erforderlich. Die Daten lassen sich entlang mehrerer Betrachtungsebenen organisieren, z. B. durch den Vergleich der Daten über mehrere Zeitperioden. Da es viele Darstellungsarten von Visualisierung gibt, muss der Anwender ein Verständnis für die Zusammenhänge entwickeln und die Empfänger der Information kennen, um die Fragestellung des Adressaten zielgerichtet zu beantworten.

Verschiedene Diagrammarten betonen unterschiedliche Aspekte der Kennzahlen, wie das folgende Beispiel in Abb. 3.10-1 zeigt (hierbei wurden Diagramme mit Excel erstellt).

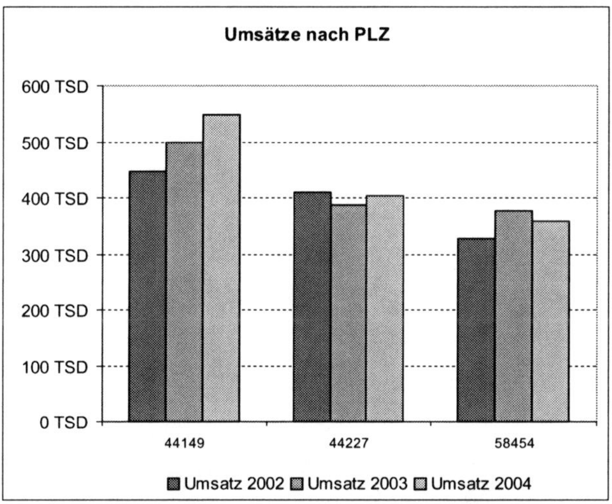

Abb. 3.10-1: Umsätze nach Postleitzahl in Tausend als Säulen.

Beispiel

In der Abb. 3.10-1 sind Umsätze eines Reisebüros, aufgeteilt nach dem Wohnort der Kunden zu sehen. Anhand der Darstellung erkennt man, dass die Umsätze aus dem umsatzstärksten Postleitzahlenbereich jedes Jahr kontinuierlich gestiegen und die anderen Postleitzahlenbereiche stabil geblieben sind.

Die gleichen Daten zeigt auch die Abb. 3.10-2. Hierbei aber scheint der Umsatz zu sinken, da die Postleitzahlen auf der x-Achse durch den ungeübten Betrachter visuell als Zeitachse interpretiert werden.

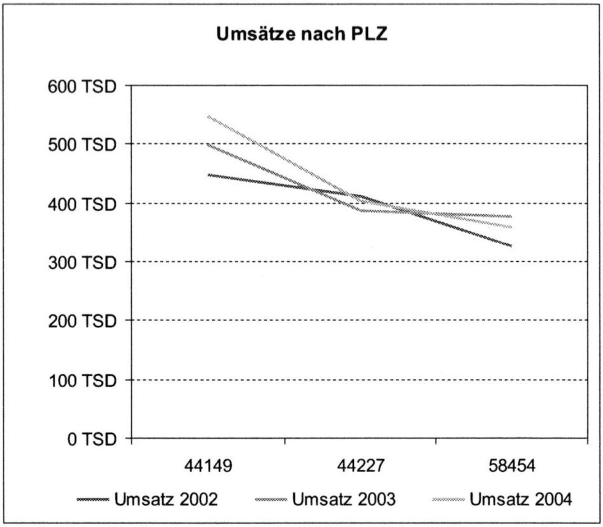

Abb. 3.10-2: Umsätze nach Postleitzahl in Tausend als Kurve.

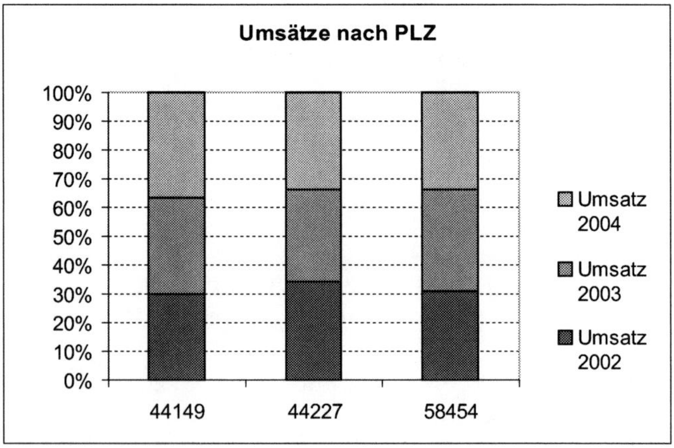

Abb. 3.10-3: Umsätze nach Postleitzahl in Tausend als Anteile in Säulen.

Das Beispiel in der Abb. 3.10-3 zeigt die Verteilung der Umsätze in einem anteiligen Säulendiagramm. Hierbei sind die einzelnen Umsätze in Prozentanteilen dargestellt. Die Absolutwerte des Umsatzes werden eliminiert. Es besteht daher die Gefahr der Fehlinterpretation von Anteilen als Absolutniveaus.

Arten, Formen & Funktionen der Visualisierung

Im Allgemeinen wird zwischen einer statischen und einer dynamischen Visualisierung unterschieden [Meye96].

Als statisch werden alle Abbildungen bezeichnet, die keine Animation, Bewegung oder Interaktion enthalten.

Zu den statischen Abbildungen zählen:

- Werte (Balken-, Säulen-, oder Kreisdiagramme)
- multidimensionale Werte (Netzdiagramme)
- Strukturdarstellungen (räumlich, zeitlich, funktional z. B. **Organigramm**)
- Ablaufdarstellung (Prozessdiagramme)
- Piktogramme und Abbildungen (Fotos, fotorealistische Darstellungen, Hologramme)

Die dynamische Visualisierung stellt bewegte Bilder in Animationen dar. Eine Sonderform ist die interaktive Visualisierung, bei der der Nutzer durch Eingaben die Darstellung steuert. Hierzu zählen OLAP-Berichte, die eine diagrammartige Aufbereitung der Kennzahlen erlauben. Die Funktionen der Visualisierung bestehen aus [LAC87] :

- **Darstellung** als Veranschaulichung und Ergänzung des Textes,
- **Organisation** zur besseren Nachvollziehbarkeit von strukturellen Zusammenhängen oder zeitlichen Abfolgen,
- **Interpretation** als Vereinfachung von abstrakten Informationen,
- **Transformation** als Merkhilfe und Erhöhung der Gedächtnisleistung und
- **Dekoration** für interessantes Gestalten von Lernmaterial zur Motivationssteigerung.

Einsatz von Visualisierung

Nicht immer ist die Verwendung visuell aufbereiteter Kennzahlen zielführend. In folgenden Fällen ist die Verwendung visueller Darstellungsformen *nicht* angebracht:

Emotionalisierung
Die Gestaltung von Grafiken erzeugt unter Umständen einen Einfluss auf die Emotionen des Betrachters. Sie können unbewusst das Entscheidungsverhalten beeinflussen.

Scheinwirkungen
Scheinwirkungen entstehen, wenn die Darstellung einen Eindruck vollständiger Informationsversorgung vermittelt, der aber tatsächlich nicht vorliegt. Beispiel: In einem Entscheidungsbaum werden nicht alle existierenden Entscheidungsmöglichkeiten aufgeführt.

Genauigkeit
Die Wahl der Skalierung der Datumswerte spielt hier eine wichtige Rolle, da dadurch andere Abstände in der Grafik erzeugt werden und somit das Gesamtergebnis anders auf den Betrachter wirkt.

Über- und Unterbewertung
Bei gleichem Informationsinhalt können verschiedene Darstellungsmöglichkeiten zu unterschiedlichen Entscheidungen oder Bewertungen führen.

3.11 Visualisierung mit Excel® **

Grafiken spielen bei der Analyse und im Berichtswesen eine wichtige Rolle. Die hohe Verbreitung von Excel hat in der Unternehmenspraxis zu individuellen Abteilungslösungen für Analytische Anwendungen und Berichtssystemen geführt, die die eingebauten Visualisierungsarten des Werkzeugs nutzen und häufig als Einstieg in Analytische Anwendungen dienen.

Excel

Die Tabellenkalkulation Microsoft Excel besitzt durch die Integration in das Office-Paket eine hohe weltweite Verbreitung im kommerziellen Kontext. Excel stellt daher das bekannteste Werkzeug dar, um Daten zu visualisieren. Zunächst müssen entsprechende Tabellenblätter angelegt werden, die die zu analysierenden Daten erhalten. Die Daten werden durch Kopieren in das Blatt eingefügt, direkt über eine Datenbankverbindung eingelesen oder durch einen Export aus anderen Programmen als Datei übernommen.

Diagramm-Assistent

Excel bietet den Benutzern einen Diagramm-Assistent an, um schnell und einfach Diagramme zu erstellen.

Zunächst markiert man die Daten, die in einem Diagramm dargestellt werden sollen in der Tabelle und klickt auf den Diagramm-Assistent (oder über das Menü → `Einfügen` → `Diagramm`). Des Weiteren besitzt der Benutzer Optionen, seine Diagramme zu formatieren. Man kann die Beschriftung der Achsen nach seinen Wünschen einfärben und den Text beliebig ausrichten. Die Säulen, Balken oder Linien können z. B. mit verschiedenen Fülleffekten gefärbt oder auch mit Grafiken hinterlegt werden. Diese Möglichkeiten erhält man auch bei der Gestaltung des Hintergrunds des Diagramms. Bei 3D-Diagrammen kann der Anwender das Diagramm entsprechend positionieren, so dass alle Werte für den Betrachter gut lesbar sind.

Weitere Informationen zu Diagrammerstellung in Excel finden sie in [Rehn05] und in der Excel-Online-Hilfe.

Diagrammtypen

Standard

Dem Benutzer stehen die Diagrammtypen der Abb. 3.11-1 als Standard zur Verfügung:

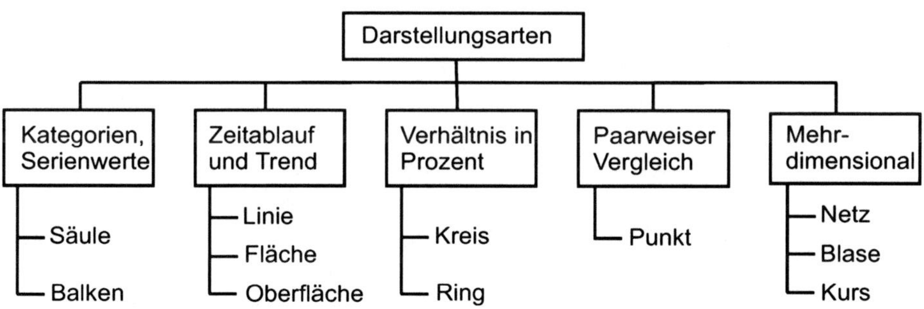

Abb. 3.11-1: Excel-Standardtypen sortiert nach Funktion.

Zu jedem Diagrammtyp kann der Benutzer noch einen Diagrammuntertypen auswählen, z. B. bei einer dreidimensionalen Darstellung. Neben den Standardtypen stehen benutzerdefinierte Diagrammarten zur Verfügung, die verschiedene Darstellungselemente integrieren.

Säule

Das Säulendiagramm bildet ein Standarddiagramm in Excel. Mehrere Werte werden zu verschiedenen Kategorien gruppiert und senkrecht angeordnet. Die Werte lassen sich direkt auf der y-Achse ablesen. Dieses Diagramm ist leicht zu interpretieren.

Der Diagrammtyp **Gruppierte Säulen** eignet sich für die Betrachtung von mehreren Rubriken (Abschnitte auf der x-Achse) in Bezug auf mehrere Gruppen. Dabei sollte man beachten, dass nicht zu viele Rubriken in zu vielen Gruppen abgebildet werden, da dies die Übersichtlichkeit beeinträchtigt.

Beim Diagrammtyp **Gestapelte Säulen** werden die Werte einer Rubrik aufeinander gestapelt. Da sich die Werte der gestapelten Rubriken kummulieren, entsteht eine Verwechslungsgefahr zwischen absoluter Höhe aller Rubriken und der relativen Höhe der Einzelrubrik.

Ähnlich ist es beim Diagrammtyp **Gestapelte Säulen (100 %)**. Die Werte der Rubriken werden ebenfalls vertikal kummuliert, jedoch bestimmen nicht die tatsächlichen Werte die absolute Höhe der Säule. Die Werte der Rubriken werden in Summe normiert, sodass die Höhe einer Säule immer 100 Prozent ergibt. Dreidimensionale Visualisierung (3D) ist mit **Gestapelten Säulen (100 %)** möglich.

Der Diagrammtyp **3D-Säulen** ist vorteilhaft, wenn man einzelne Werte in den Gruppierungen vergleichen möchte. Der Betrachter kann sowohl einen Wert mit anderen Werten in der Spalte als auch in der Zeile vergleichen.

Natürlich können auch negative Werte in einem Säulendiagramm dargestellt werden, wobei sich nur die **Gruppierten Säulen, Gruppierte 3D-Säulen** und **3D-Säulen** zur Darstellung eignen (Abb. 3.11-2).

Balken

Das Balkendiagramm zeigt eine enge Verwandtschaft mit dem Säulendiagramm, der einzige Unterschied besteht darin, dass die Balken waagerecht angeordnet werden. Die waagerechte Ausrichtung macht es möglich, Balken mit sehr langen Rubrikbeschriftungen abzubilden (Abb. 3.11-3).

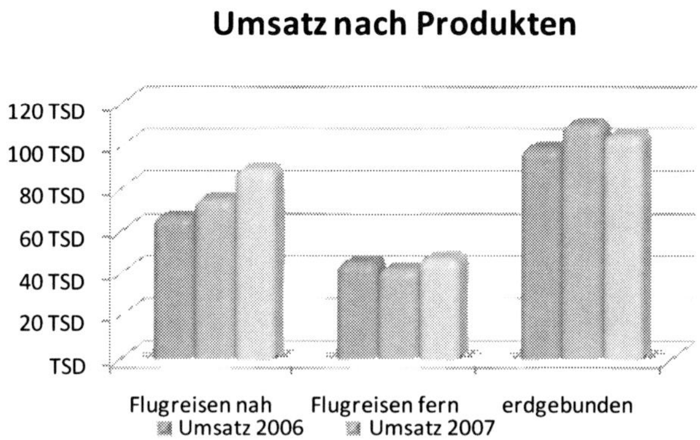

Abb. 3.11-2: 3D-Säulendiagramm.

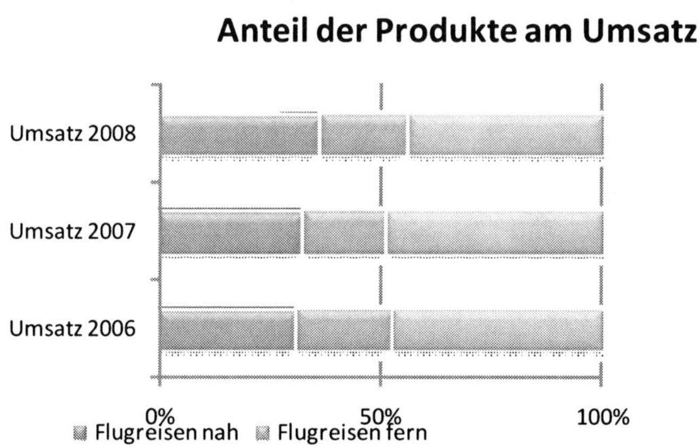

Abb. 3.11-3: Balkendiagramm.

Das Liniendiagramm eignet sich besonders um verschiedene Datenreihen über mehrere geordnete Rubriken darzustellen. Eine aufsteigende Ordnung bilden z. B. aufeinanderfolgende Zeitpunkte, die auf der x-Achse plaziert werden.

Linie

Beim Liniendiagramm ist zu beachten, dass nur die Datenpunkte durch Datenwerte definiert sind. Die verbindenden Linien zwischen den Datenpunkten dienen ausschließlich zur Verlaufsdarstellung einer Datenreihe.

Die Diagrammuntertypen gegeben durch Linie, gestapelte Linie, gestapelte Linie 100 Prozent und 3D-Linie weisen eine Verwandtschaft zum Säulendiagramm auf. Man kann im Liniendiagramm auswählen, ob die Datenpunkte explizit angezeigt werden sollen (Abb. 3.11-4).

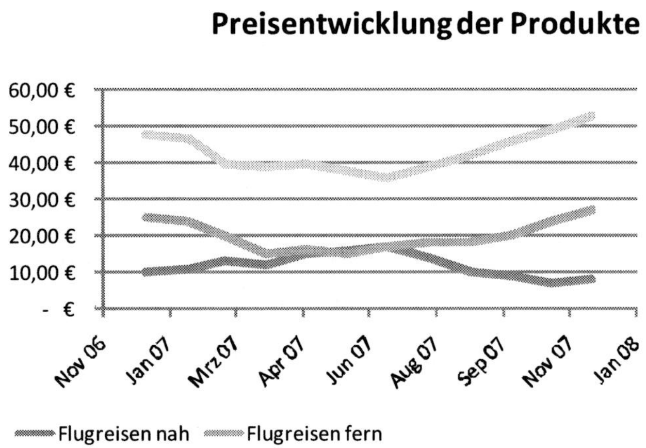

Abb. 3.11-4: Liniendiagramm.

Fläche

Beim Flächendiagramm handelt es sich um ein Liniendiagramm mit eingefärbtem Bereich zwischen der Linie und der **Rubrikenachse**. Da die ersten Datenreihen unter Umständen die hinteren Reihen verdecken, sollte der Benutzer bei der Erstellung mit konkreten Datenwerten auf die Lesbarkeit des Diagramms achten (Abb. 3.11-5).

Oberfläche

Das Oberflächendiagramm basiert auf der Darstellung von Wertebereichen. Dazu benötigt man mindestens zwei Datenreihen, die dann farblich voneinander abgegrenzt werden (Abb. 3.11-6). Die Interpretation des Diagramms verlangt eigene Übung und eignet sich besonders zur Darstellung von Nachbarschaften im analysierten Datenraum.

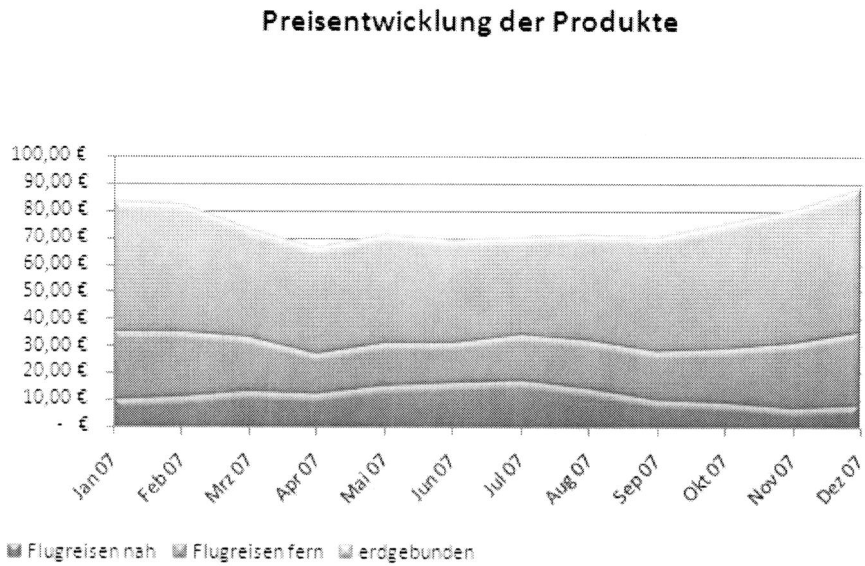

Abb. 3.11-5: Flächendiagramm.

Kreis

Das Kreisdiagramm bildet die klassische Form, um Anteile darzustellen (Abb. 3.11-7).

Beispiel

Ein bekanntes Beispiel ist die Sitzverteilung im Bundestag. Der Betrachter kann in der Regel sofort erkennen, welche Partei die meisten Sitze hat, es sei denn, die Wahl ist sehr knapp zwischen zwei Parteien ausgefallen.

Ein Nachteil des Kreisdiagramms ist seine Eindimensionalität. Der Benutzer kann nur *eine* Datenreihe, also eine Zeile oder Spalte, in einem Kreisdiagramm darstellen. Falls man zwei Ergebnisse vergleichen möchte, müssen zwei Kreisdiagramme erstellt werden.

Die Diagrammuntertypen sind *explodierter Kreis*, *Kreis 3D*, *Kreis aus Kreis* und *Balken aus Kreis*.

Beim *Kreis aus Kreis* -Diagramm gibt es die Möglichkeit, die Zusammensetzung eines Segments des Hauptkreises in einem gesonderten Kreis darzustellen. Ähnlich verhält es sich bei *Balken aus Kreis*, mit dem Unterschied, dass die Werte in einem Balken auf 100 Prozent normiert werden.

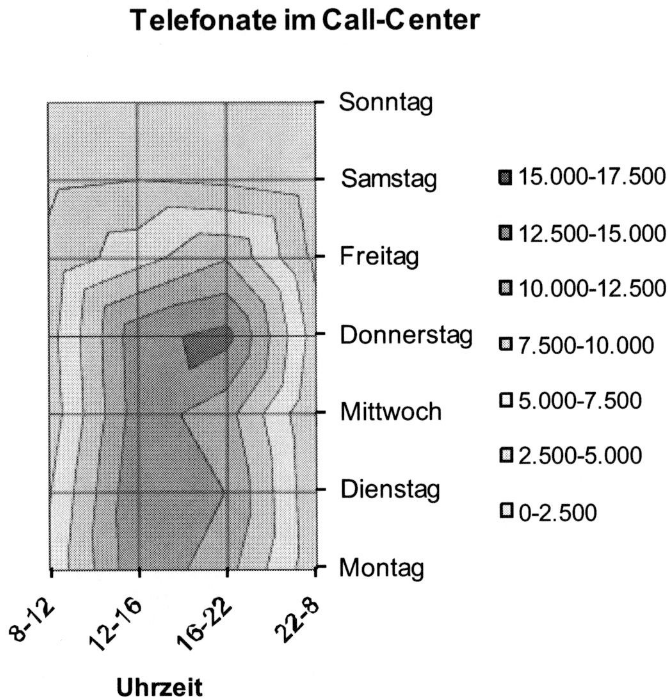

Abb. 3.11-6: Oberflächendiagramm.

Ring Beim Ringdiagramm lässt sich das Problem der Eindimensionalität des Kreisdiagramms lösen. Man legt mehrere Kreise verschiedener Rubriken ringförmig übereinander, sodass die Anteile untereinander verglichen werden können (Abb. 3.11-8). Der Vergleich vieler Rubriken ist aus Gründen der Übersichtlichkeit begrenzt.

Punkt(XY) Die Diagrammart Punkt(XY) (engl. *Scatterplot* genannt) leitet sich aus der Größenachsenzuordnung des Liniendiagramms ab. Der Unterschied besteht darin, dass für das Punktdiagramm kontinuierliche Werte (Koordinaten) sowohl

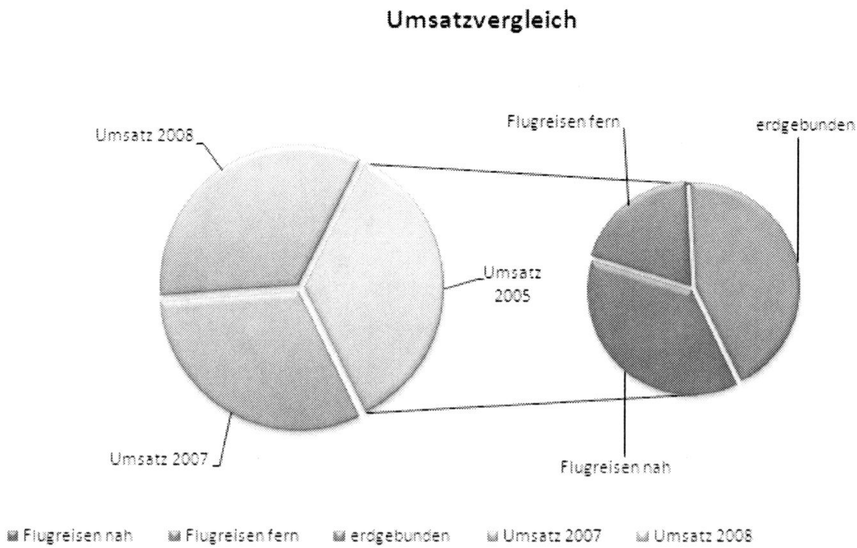

Abb. 3.11-7: Kreis- oder Tortendiagramm.

auf der Rubrikachse als auch auf der Größenachse dargestellt werden, damit sich Punktepaare ergeben.

Eine Ordnung auf der **Rubrikenachse** wie im Liniendiagramm zwingend vorgeschrieben ist für das Punkt(XY) Diagramm nicht erforderlich. Der Benutzer kann zusätzlich zwischen einem reinen Punktdiagramm wählen oder die Punkte in ihrer Reihenfolge mit Linien verbinden lassen. Die Abb. 3.11-9 zeigt ein Punktdiagramm zur Darstellung der Abhängigkeit zwischen den kontinuierlichen Größen Umsatz und Alter.

In Netzdiagrammen sind mindestens drei Rubriken sternförmig angeordnet. Jede Achse repräsentiert eine Rubrik. Die Werte werden über die Achsen hinweg miteinander verbunden, sodass der Betrachter aufgrund der Größe der entstehenden Flächen Aussagen treffen kann (Abb. 3.11-10). Es besteht die Auswahl zwischen einem Netz mit oder ohne Datenpunkten und einem gefüllten Netz. Netz

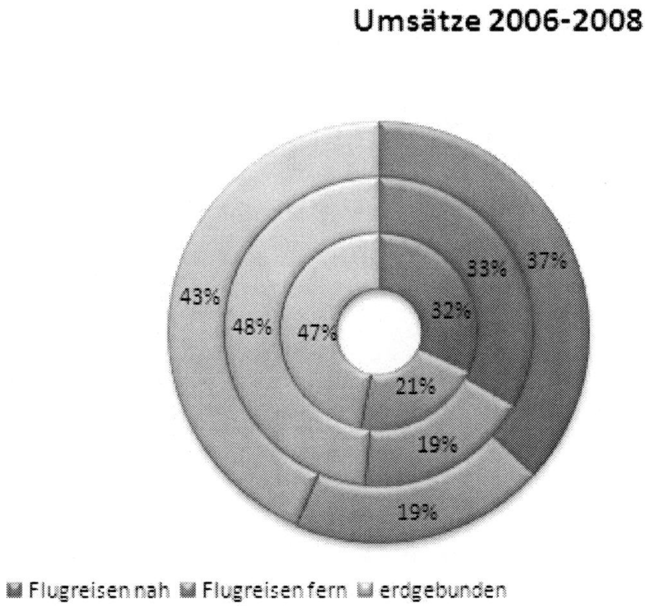

Abb. 3.11-8: Ringdiagramm.

Blase Das Blasendiagramm ist als Portfolio-Matrix aus dem strategischen Management bekannt. Hierbei werden drei Werte simultan dargestellt: der x-Wert auf der **Rubrikachse**, der y-Wert auf der **Größenachse** und der z-Wert spiegelt die Größe des Blasengrundwertes (Abb. 3.11-11).

Kurs Das Kursdiagramm dient der Darstellung von Kurswerten und Schwankungsintervallen. Hierfür benötigt der Benutzer je nach Diagrammuntertyp mindestens drei und höchstens fünf Werte pro Betrachtungszeitraum. Die Werte werden wie folgt beschrieben:

- Öffnung: Wert der Aktie beim Beginn des Börsentages
- Geschlossen: Wert der Aktie bei Ende des Börsentages
- Höchst: Der höchste Wert des Börsentages
- Tiefst: Der tiefste Wert des Börsentages
- Volumen: Anzahl der am Börsentag gehandelten Aktien

Die Werte **Öffnung, Geschlossen und Volumen** werden als Säulen dargestellt, **Höchst und Tiefst** werden als Li-

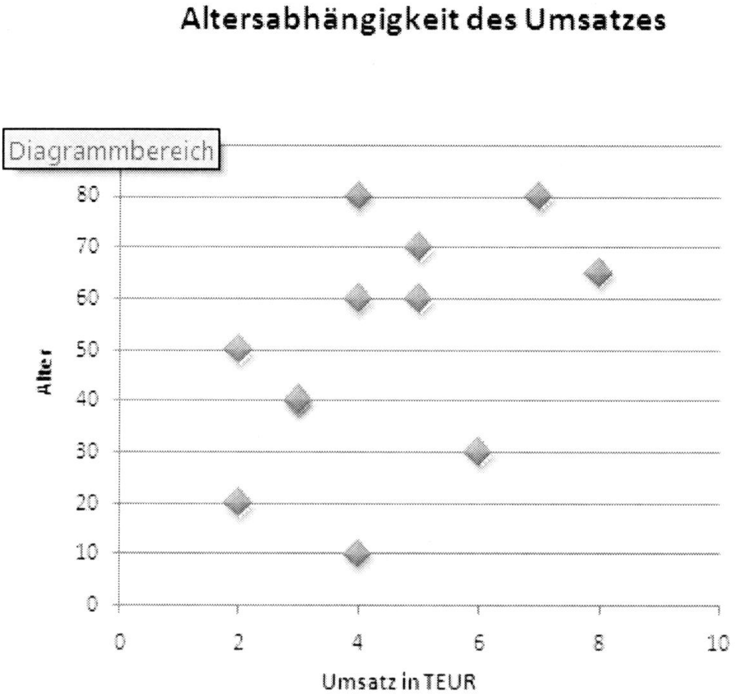

Abb. 3.11-9: Punktdiagramm.

nien repräsentiert. Da es sich beim Volumen um einen anderen Wertebereich als bei **Öffnung** und **Geschlossen** handelt, wird eine zweite Größenachse eingeblendet (Abb. 3.11-12).

Die **Benutzerdefinierten Typen** sind zum größten Teil in den Standardtypen enthalten, unterscheiden sich jedoch von diesen in der Formatierung. Die Ausnahmen sind die Kombinationsdiagramme, bei denen zwei Diagrammarten kombiniert werden können. benutzerdefiniert

Hierzu zählt das Linien-Säulen Diagramm. Dabei handelt es sich um eine Kombination zwischen dem Säulen- und dem Liniendiagramm. Der Benutzer wählt aus, ob die Werte mehrerer Datenreihen auf derselben Größenachse, also der primären Achse oder eine zweite Reihe auf einer separaten Größenachse, der sekundären Achse, gezeichnet werden sollen. Kombinationsdiagramm

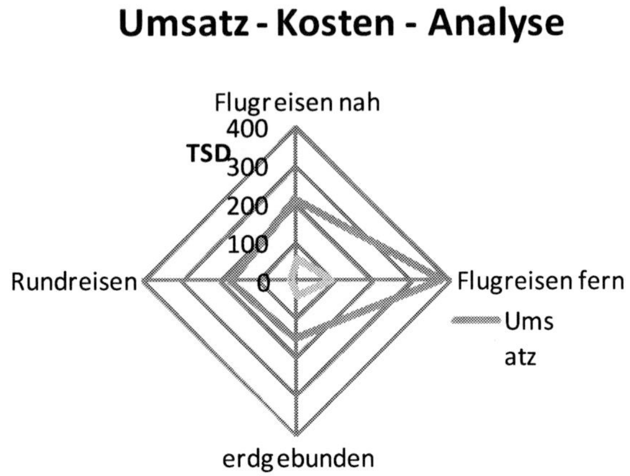

Abb. 3.11-10: Netzdiagramm.

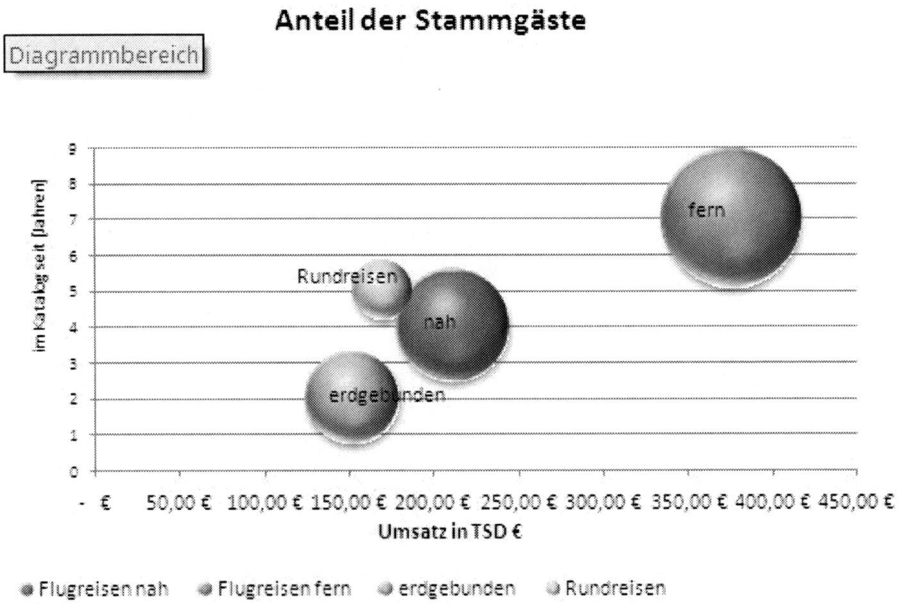

Abb. 3.11-11: Blasendiagramm.

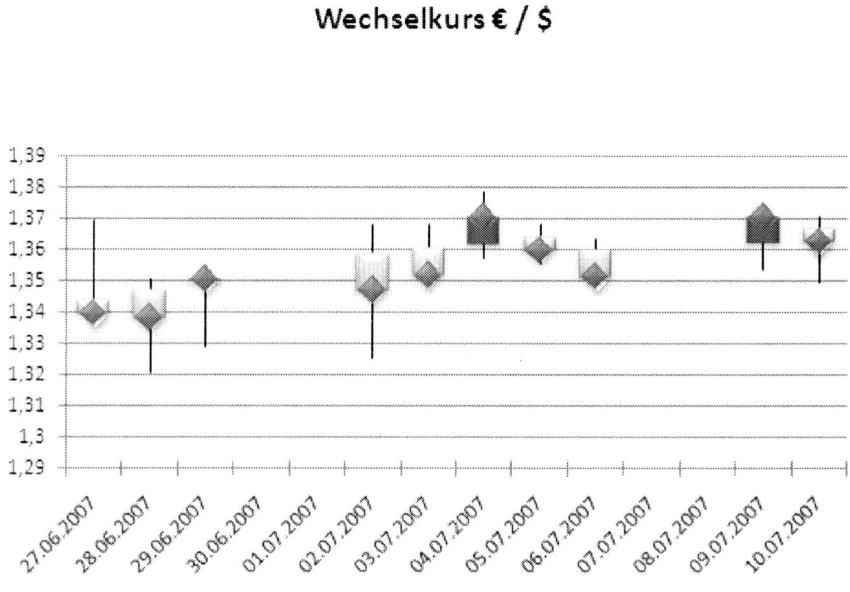

Abb. 3.11-12: Kursdiagramm.

Ein weiteres Kombinationsdiagramm ist das Säulen-Flächen Diagramm. Hierin werden die Werte der Säulen und Flächen auf der primären Achse gezeichnet. Man muss bei diesem Diagrammtyp beachten, dass die Flächen aufeinander gestapelt und die Gefahr der Fehlinterpretation besteht.

3.12 Geografische Landkarten **

Landkarten können eine übersichtliche und intuitive Darstellung der geografischer Daten unterstützen. Einige *Business Intelligence*-Werkzeuge bieten die Integration von geografischen Informationssystemen an. Die Dimension Geografie findet in Analytischen Datenmodellen häufig Verwendung zur Unterteilung von Kunden, Lieferanten oder Organisationseinheiten.

Ein wichtiges Einsatzgebiet zur Verwendung geografischer Information für analytische Fragestellungen bildet das **Geomarketing**. Unter **Geomarketing** versteht man den Ein- Geomarketing satz von geografischen Informationssystemen (GIS) in Unternehmen für die räumliche Analyse marketing-, betriebs- und servicerelevanter Fragestellungen. Daten des Unternehmens, sowie Bevölkerungs- und Wirtschaftsdaten werden mit Hilfe von digitalen Landkarten analysiert. Somit dient Geomarketing der visuellen Wissens- und Informationsdarstellung.

Einsatzbereiche

Geomarketing-Instrumente werden meist von Marketing- und Controlling-Abteilungen eines Unternehmens für verschiedene Fragestellungen eingesetzt. Häufige Einsatzbereiche sind

- die Kundenanalyse,
- die Marktanalyse,
- die Standortanalyse und
- die Gebietsanalyse.

Gebietsplanung

Die Gebietsplanung fasst die kleinsten geografischen Einheiten zu übergeordneten Gebietseinheiten hierarchisch zusammen. Durch eine ideale Gebietsplanung werden z. B. Reisezeiten bei Außendienstmitarbeitern minimiert, wobei die Gebiete eine ausreichende Anzahl existierender und potentieller Kunden aufweisen müssen, um die geplanten Umsatzziele eines Außendienstmitarbeiters zu ermöglichen. Die Nutzung von geografischer Information erhöht somit die Transparenz der Entscheidungsfindung.

MS MapPoint®

Das Programm MapPoint® von Microsoft unterstützt die Darstellung von Daten in einer geografischen Landkarte. Gleichzeitig stellt das Programm geeignetes Kartenmaterial bereit. Es besitzt folgende zwei Hauptfunktionen:

- Geografische Darstellung von Daten
- Zeitsparende Routenplanung

MapPoint® verfügt über eine MS-Office-Integration, damit Daten aus Access, Excel oder einer SQL-Server®-Datenbank zur Darstellung direkt genutzt werden können. Die unternehmenseigenen Daten sind mit bis zu siebzig demografischen Variablen, wie z. B. Einkommen oder Alter, vergleichbar.

Für die Darstellung der Daten stehen anpassbare Kartentypen zur Verfügung, die ausgedruckt oder in eine andere Datei exportiert werden können. Mithilfe des Moduls Routenplanung kann die Anfahrt zum Kunden optimal geplant werden.

Beispiel

Das Beispiel in Abb. 3.12-1 wurde mit MapPoint® erstellt und zeigt eine Kundenanalyse eines Reisebüros. Die Kunden des Reisebüros werden während der Buchung nach ihrer Postleitzahl gefragt. So kann der Umsatz des Kunden einem Bereich auf der Landkarte, also der Postleitzahl, zugeordnet werden. Die Darstellung erfolgt in Verbindung mit Farbskalen, indem die Postleitzahlbereiche mit dem höchsten Umsatz dunkler gefärbt werden, als diejenigen Bereiche mit niedrigem Umsatz. Somit erhält das Reisebüro einen Überblick über die Verteilung des Kundenstamms und erkennt die umsatzstärksten Bereiche. An dieser Grafik kann sich das Reisebüro bei der nächsten Werbekampagne orientieren.

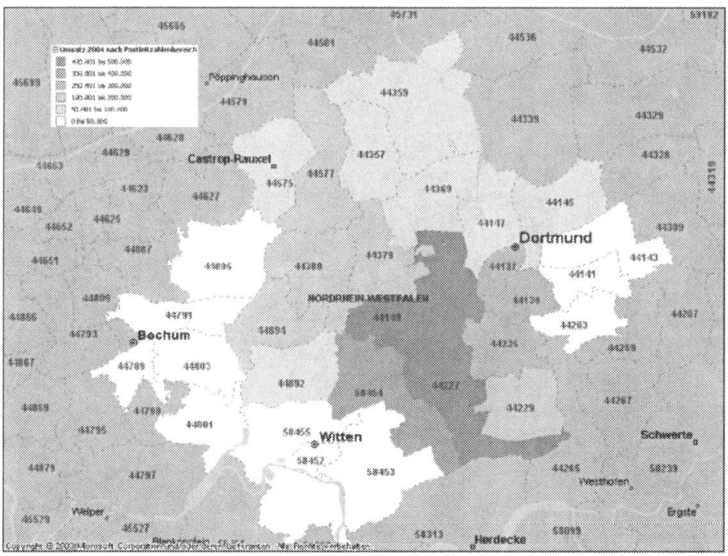

Abb. 3.12-1: Umsatzzahlen nach PLZ-Bereichen.

4 Die Werkzeuge der *Business Intelligence* *

Die Hauptkapitel »Die betriebswirtschaftliche Sicht«, S. 7, und »Die Methoden der Business Intelligence«, S. 57, dieses Buches haben den betriebswirtschaftlichen Nutzen und damit verbundene Methoden beschrieben. Dieses Hauptkapitel beschäftigt sich mit der Darstellung der technischen Umsetzung der Methoden durch computergestützte Systeme. Die zentrale Aufgabe besteht in der Transformation unternehmerischer Kennzahlen in ein geeignetes Datenmodell, auf dem die intelligenten Methoden Anwendung finden können.

Zunächst erfolgt die Darstellung der generischen IT-Gesamtarchitektur für *Business Intelligence*-Realisierungen und deren zentraler Kern in Form eines *Data Warehouse*:

- »Information Supply Chain«, S. 122
- »Data Warehouse«, S. 127

Daran schließt sich eine eingehende Definition multidimensionaler hierarchischer Datenmodelle an:

- »Grundbegriffe des multidimensionalen Datenmodells«, S. 129
- »Hierarchien«, S. 135
- »Materialisierte Sichten«, S. 147

Die Anforderungen an ein multidimensionales Datenbanksystem und dessen Skalierbarkeit bildet einen vertiefenden Gegenstand, um eine effiziente rechnerbasierte Umsetzung zu gewährleisten:

- »Anforderungen an ein OLAP-System«, S. 152
- »Mengengerüste multidimensionaler Datenmodelle«, S. 154

Durch den datengetriebenen Charakter von analytischen Applikationen ergeben sich ferner besondere Methoden zur Behandlung der Datenströme:

- »Datenbereinigung«, S. 161
- »Extrahieren, Transformieren und Laden«, S. 169

Die Fallbeispiele aus dem touristischen Bereich finden ihre Fortsetzung:

- »Beispiel eines multidimensionalen Datenmodells«, S. 142
- »Entwicklung Analytischer Anwendungen mit den Analysis Services® und Reporting Services®«, S. 172
- »Das Data Warehouse der TUI«, S. 178

4.1 *Information Supply Chain* *

Die analytischen Anwendungen der *Business Intelligence* betten sich in eine informationstechnische Gesamtarchitektur des Unternehmens ein. Diese Gesamtarchitektur wird als *Information Supply Chain* bezeichnet, bei der einfache Rohdaten der operativen Systeme über die Stufen Information und Wissen in Entscheidungen in einem Wertschöpfungsprozess transformiert werden.

Die in »Einführung und Aufbau«, S. 1, vorgestellten Gedankenexperimente stehen als Beispiele für einfache externe und interne **Geschäftsprozesse**. Die operativen und analytischen Anwendungen, die diese Geschäftsprozesse unterstützen, sind entlang dieser Geschäftsprozesse organisiert und bilden ausgehend von operativen Basisdaten einen Informationsfluss zur entscheidungsunterstützenden Aufbereitung ab. Das Zusammenspiel operativer und analytischer Datenbankanwendungen beschreibt die ***Information Supply Chain*** (in Anlehnung an [Mart00]).

Sie bildet eine allgemeine Architektur, die in der horizontalen Struktur zwischen **strukturierten Daten** und **unstrukturierten Daten** unterscheidet und vertikal die »Veredelung« der Daten über mehrere Schichten beschreibt. Die strukturierten Daten durchlaufen die **Operativen Systeme**, das *Data Warehouse*, OLAP oder *Data Mining*-Werkzeuge, bis sie in Form von Wissen als Entscheidungsgrundlage herangezogen werden können. Unstrukturierte Daten entnimmt man aus den Operativen Systemen und speichert sie in Dokumenten-Management-Systemen. Ein analytischer Zugriff auf archivierte Dokumente erfolgt über Suchmaschinen oder Verfahren des *Text Minings* [Heyer 06]. Aus den Entscheidungen der obersten Ebene resultieren parametrische Anpassungen der Operativen Systeme (Abb. 4.1-1).

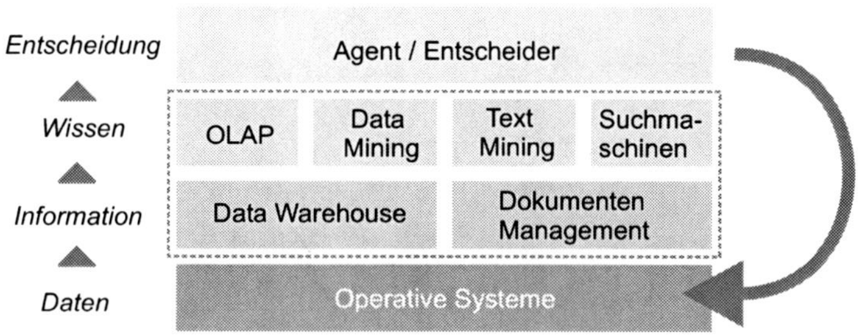

Abb. 4.1-1: *Information Supply Chain.*

Beispiel: Geschäftsbericht

Der Geschäftsbericht, z. B. in Form eines Jahresabschlusses, zeigt die Verbindung zwischen unstrukturierten und strukturierten Daten. Während die Bilanz und die Gewinn- und Verlustrechnung des Jahresabschlusses in strukturierter Form vorliegen, basiert der Textteil des Jahresabschlusses, in dem das Geschäftsjahr beschrieben und ein Ausblick gegeben wird, auf unstrukturierter Information.

Operative Systeme

Die Geschäftstransaktionen sind in den Operativen Systemen zu erfassen. Die Operativen Systeme bilden die unternehmenskritischen Anwendungen, da in ihnen die eigentlichen operativen geschäftlichen Transaktionen gespeichert werden. Insbesondere die Buchungssysteme spielen unter diesen Operativen Systemen eine zentrale Rolle. Hier ist die Leistung, die ein Unternehmen im Verkauf anbietet, mit ihren Leistungsmerkmalen wie Preis, Menge, Datum usw. erfasst. Somit überrascht es nicht, dass diese Systeme in Unternehmen die höchste Verbreitung besitzen und meist die ältesten Anwendungen im Unternehmen darstellen. Operative Systeme zeichnen sich durch eigene Merkmale aus:

Merkmale operationaler Systeme

- Transaktionsbezogen (***Online-Transaction-Processing***)
- Datensatzorientiert
- Funktionsorientiert (z. B. »Buchen«)
- Häufige Ausführung von Schreiboperationen
- Daten nur kurzfristig verfügbar (max. eine Periode)

Operative Systeme bearbeiten und speichern kleine Datenmengen pro Transaktion. Gleichzeitig kann aber die Anzahl der Transaktionen erheblich sein. Es wird immer genau eine Funktion abgebildet. Die Funktionen erfordern häufiges Schreiben in die Datenbank. Die Daten werden nur über vergleichsweise kurze Perioden gespeichert.

Das Beispiel 1a der »Hawaiireise« verdeutlicht die Wirkungsweise von operativen Systemen. Aufgrund der hohen Zahl von Schreiboperationen auf die Datenbank, die einen hohen Zugriff auf die Festplatten benötigen, sind die Datenmodelle von jeder Redundanz befreit. Die Theorie der Normalformen ermöglicht den Entwurf von Datenmodellen, die diesen Anforderungen entsprechen, siehe z. B. [Voss00].

Das Fallbeispiel 1a »Hawaiireise« ist aus der Sicht des Kunden beschrieben, der durch seine Interaktionen mit den Unternehmen eine Kette von Transaktionen auslöst. Die Aufgabenstellung der Transaktionen besteht darin, die mit dem Buchungsvorgang verbundenen Daten zu speichern.

Operative Systeme wurden in der Vergangenheit zielgerichtet für genau eine Geschäftsanwendung erstellt, was zu einem Wildwuchs verschiedener Operativer Systeme geführt hat. Die damit verbundenen Probleme sind [Inmo03]:

- Daten verschiedener Operativer Systeme können nicht miteinander verknüpft werden. Die Datenmodelle sind zueinander nicht kompatibel.
- Änderungen lassen sich schwer durchführen, da diese Anpassungen an allen betroffenen Systemen erfordern.
- Die Systeme sind für die Speicherung von Transaktionen ausgelegt. Ein Zugriff auf die einmal gespeicherten Daten ist auf einfache Weise nicht möglich.

Legacy-System

Derartig veraltete Operative Systeme werden auch als *Legacy-Systeme* (zu Deutsch: Altlast) bezeichnet. *Legacy*-Systeme bleiben weiterhin verbreitet, weil sie das Rückgrat der Unternehmensanwendungen bilden und hohe Investitionen in ihre Entwicklung geflossen sind. Die Architektur der *Information Supply Chain* kapselt Operative Systeme in einer eigenen Komponente.

Operative Systeme bleiben nicht auf die Buchungsfunktion beschränkt. Sie bilden u. a. die folgenden weiteren operativen Teilfunktionen ab:

- Buchungssystem (*Supply Chain Execution*)
- Mitarbeiterverwaltung (*Human Ressource Management*)
- Rechnungswesen (*Accounting*)
- Produktionsplanung (*Production Planning*)
- Lagerverwaltung (*Inventory Management*)

Systeme, die diese Funktionsbereiche zusammenfassen werden als ERP Systeme (*Enterprise Ressource Planning*) bezeichnet. Der prominenteste Vertreter dieser Systemkategorie ist SAP R/3 ®. Das R/3-System gibt eine standardisierte *Entity Relationship*-Datenmodellschablone vor, welche die relevanten Felder zur Beschreibung der Operativen Teilprozesse umfasst. Insbesondere im produzierenden Gewerbe und speziell in Deutschland besitzt das R/3-Datenmodell eine sehr hohe Verbreitung. Das Modell beschränkt sich auf die größten Branchen. Segmente wie die Tourismusindustrie werden durch einen solchen Standard aufgrund der völlig andersartig strukturierten Prozesse nicht erfasst. ERP System

Data Warehouse

Aus den Operativen Systemen werden die operativen Daten mittels eines Integrationsservers in der Regel im *Hub and Spoke*-Ansatz (zu Deutsch: Speichennetz) über den **Extraktions-, Transformations- und Ladeprozess (ETL)** (siehe »Extrahieren, Transformieren und Laden«, S. 169 und »Datenbereinigung«, S. 161) in das *Data Warehouse* (siehe »Data Warehouse«, S. 127) überführt. Im *Data Warehouse* findet eine Historisierung der Daten über viele Perioden (i. Allg. mehrere Jahre) statt. Ferner werden andere interne und externe Datenquellen (z. B. Börsenticker, Marktanalysen, Preisvergleiche, relevante Nachrichten aus Fachzeitschriften, ...) in diesem *Data Warehouse* in konsistenter Weise integriert und damit das Konsistenzproblem Operativer Systeme gelöst. Ein *Data Warehouse* wird daher auch *Single Point of Truth* genannt. Damit dies gelingt, sind Abbildungen zwischen den Metadaten der beteiligten Vorsysteme und den Metadaten des *Data Warehouse* erforderlich.

Standardisierungsinitiativen in Form des ***Common Warehouse Model*** (CWM) Ansatzes der *Object Management Group* [OMG05] haben sich zum Ziel gesetzt, eine Verein- CWM heitlichung dieser Abbildungen auf Basis von XML und *Meta Object Facility* (MOF) zu erreichen.

Der Aufbau eines *Data Warehouse* ist typischerweise das Ergebnis eines inkrementellen Aufbauprozesses. Dieser Prozess beginnt mit der Schaffung und schrittweisen Konsolidierung einzelner ***Data Marts***. Diese sind definiert als analytische Abteilungsdatenbestände, die historisch in einzelnen Abteilungen des Unternehmens gewachsen sind.

Data Warehouses sind zunächst nur als reine Datenbestände anzusehen. Der eigentliche Nutzen erwächst erst in der analytischen Weiterverarbeitung dieser Daten. Hier finden methodisch OLAP, *Data Mining*- und *Text Mining*- Verfahren (vgl. [Heyer 06]) Anwendung.

Analytische Applikationen

Merkmale analytischer Applikationen

Die **Analytischen Applikationen**, siehe Fallbeispiel 1b »Analyse« aus dem Kapitel »Einführung und Aufbau«, S. 1, zeichnen sich durch die folgenden Merkmale aus:

- Analysebezogen (*Online-Analytical-Processing* (OLAP))
- Dimensionsorientiert
- Subjektorientiert (z. B. »Unterstützung des Managers«)
- Seltenes Schreiben
- Daten sehr langfristig verfügbar (über viele Perioden)

Die Analyse mittels OLAP, *Data Mining* und *Text Mining* erzeugt Ergebnisse, die als Handlungsauslöser für operative, taktische und strategische Entscheidungen dienen. OLAP erlaubt die Navigation innerhalb multidimensionaler Datenbestände durch Operationen, die eine Navigation in verschiedenen **Dimensionen** und auf verschiedenen Aggregationsniveaus vorsieht. Dadurch erhält der Anwender unterschiedliche Sichten auf die Daten, die ihn bei seiner Analyse unterstützen. Bei der OLAP-Analyse handelt es sich um ein rein manuelles Verfahren. Die Reihenfolge der Analyse wird durch den Benutzer vorgegeben. *Data Mining*- und *Text Mining*-Verfahren hingegen versuchen, Zusammenhänge datengetrieben zu ermitteln und damit die Analysearbeit zu vereinfachen.

Fallbeispiel: *»Information Supply Chain«*

Nehmen Sie an, Sie beobachten als Manager eines Reiseveranstalters einen Umsatzrückgang in Ihren *aktuellen* Kennzahlen. Sie befinden sich bei dieser Beobachtung in der *Finanzperspektive.* Die *Analyse* in der *Produktperspektive* ergibt, dass die Sonderrabatte für Gruppenreisen überproportional stark durch Ihre Kunden in Anspruch genommen wurden. Daher *planen* Sie, entweder den Rabatt zu verringern oder die Anzahl der Gruppenreisen zu limitieren. Im ersten Fall werden Sie eine finanzielle Maßnahme einleiten, im zweiten Fall eine Änderung des Produktes herbeiführen. Durch beide Maßnahmen wirken Sie aufgrund der Analyse direkt auf Größen des Operativen Systems ein und schließen somit die Rückkopplungsschleife der *Information Supply Chain.*

4.2 *Data Warehouse* *

Analysen werden auf der Basis von Daten vorgenommen, die aus unterschiedlichen Quellen stammen können und sich über mehrere Betrachtungsperioden erstrecken. Zur effizienten Zusammenführung und Speicherung dieser Daten dient ein *Data Warehouse.*

Einordnung Analytischer Applikationen

Data Warehouses unterscheiden sich von Operationalen Datenbanken durch das zugrunde liegende Datenmodell. Dieses Datenmodell zeichnet sich durch seine Multidimensionalität aus. Als Metapher für diese Multidimensionalität dient die Vorstellung eines Würfels (***Cube***) oder **Hyperwürfels**. Das multidimensionale Modell kann auf dem relationalen Modell aufsetzen, was in der Praxis durch die hohe Verfügbarkeit ausgereifter **RDBMS** häufig geschieht.

Analytische Applikationen sind unternehmensinterne Anwendungen, die aufgrund einer umfassenden Datenbasis tiefere Zusammenhänge der durch die Daten beschriebenen Geschäftsprozesse identifizieren. Ein Szenario für eine Analyse bildet das Einführungsbeispiel 1b »Analyse der Steigerung des Unternehmensergebnisses« aus dem Kapitel »Einführung und Aufbau«, S. 1. Daneben haben Sie mit der »Planung der Pauschalreise« ein weiteres Feld kennen gelernt, wo eine Analytische Applikation zum Einsatz gelangt.

Zunächst werden die Analytischen Applikationen in die Architekturen aus »Information Supply Chain«, S. 122, eingeordnet. In der Abb. 4.2-1 finden Sie die Analytischen Applikationen in den mittleren Schichten (strichliert), wobei eine Fokussierung auf die strukturierten Daten vorgenommen wird. Betrachten Sie erneut das Zusammenspiel zwischen den verschiedenen datenbankbasierten Anwendungen im Unternehmen in der *Information Supply Chain.*

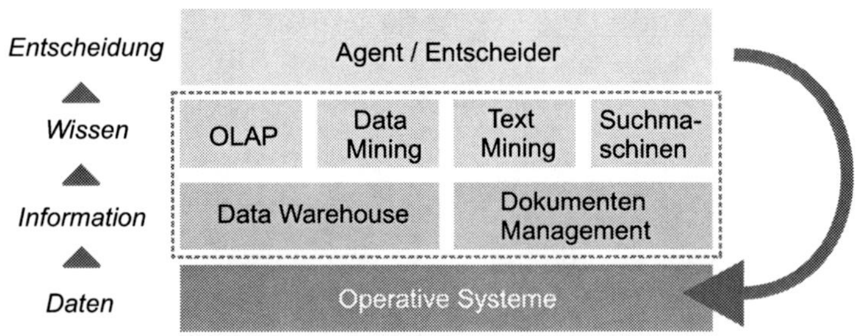

Abb. 4.2-1: *Information Supply Chain.*

Der *Data Warehouse*-Teil der analytischen Anwendung besitzt die Aufgabe der Datenkonsolidierung, Speicherung und Bereitstellung, während der OLAP- / *Data Mining*-Teil für die manuelle bzw. automatische Aufbereitung der Daten steht und damit gleichzeitig die Benutzerschnittstelle beinhaltet. Die analytischen Applikationen sind in der Regel als verteilte Anwendungen organisiert. Dieses resultiert aus der Philosophie eines *Data Warehouses* einen ***Single Point of Truth*** zu verkörpern, der sinnvollerweise in einer zentralisierten Form abgebildet wird. Das *Data Warehouse* bedient eine größere Zahl von Analytischen Applikationen in Form von OLAP- und *Data Mining*-Systemen. In der Praxis findet man bis zu 1000 *concurrent users* in Großkonzernen. Das *Data Warehouse* bildet somit die Datenbankschicht (engl. ***tier*** = Schicht, Stufe). Die OLAP- und *Data Mining*-Systeme die Applikationsschicht. Diese Schicht bedient die Benutzer Frontends in Form von PC-Clients. Eine solche Struktur führt zu einer verteilten Architektur in Form von Drei-Schichten (*three-tier*-Architektur). Zunehmend setzt sich die Verfügbarkeit der Analytischen Applikationen durch die Verwendung von Web-Technik durch. In diesem Fall fragt der Browser über einen Webserver die Analyseoperationen beim Applikationsserver an. Dadurch erweitert sich das System zu einer Vier-Schichten-Architektur (*four-tier*-Architektur).

In solcher Systemorganisation findet man heutzutage folgendes Systemmengengerüst in Großunternehmen vor [Enge03]:

- *Data Warehouse* (100 Giga Byte bis 1 Tera Byte Basisdaten):
  ein hoch performantes Multiprozessorsystem pro Unternehmen bzw. Konzern

  Datenbank Schicht

- ***Reporting*** / OLAP / *Data Mining* Anwendungen:
  1–40 Teilsysteme basierend auf dem *Data Warehouse*

  Applikations Schicht

- ***Fat Client*** / ***Browser***:
  10–1000 Benutzer mit Zugriff auf die Applikationsschicht.

  Frontend Schicht

Daraus wird sofort ersichtlich, dass ein Großteil der Rechen- und Datenvolumenlast auf dem *Data Warehouse* liegt. Dieses stellt in der Praxis daher den »Flaschenhals« der Verarbeitung dar. Es werden große Anstrengungen unternommen, diesen Engpass im Hinblick auf *Performance* und Datendurchsatz zu optimieren. So bieten die Firmen Netezza und NCR Teradata für Unternehmen mit extrem großen Datenbeständen (z. B. Walmart, Amazon und Vodafone) Datenbank-*Engines* an, die die Anfragen parallelisiert auf spezieller Parallelhardware bearbeiten. Aber auch die Applikationsschicht stellt in der Praxis einen Engpass dar, wenn extrem komplizierte Analysen aufgerufen werden.

4.3 Grundbegriffe multidimensionaler Datenmodelle *

Unternehmensdaten besitzen eine Organisation entlang verschiedener Dimensionen wie Zeit, Unternehmenseinheit und Produkt. Die Dimensionen sind häufig hierarchisch aufgebaut. Das multidimensionale Datenmodell stellt eine mathematische Beschreibung dieser Beziehungen zwischen den Daten auf, um eine exakt definierte Begrifflichkeit bereitzustellen.

Das multidimensionale Datenmodell unterscheidet:

- Fakten (*Measures*): Kennzahlen (z. B. Abverkauf in EUR)
- **Dimensionen**: Beschreibung der Kennzahlen in Raum, Zeit, Organisation (z. B. Produkt, Stadt, Jahr)
- Klassifikationshierarchien: Dimensionen mit hierarchischer Struktur

Dimensionen

Die Dimensionen sind orthogonal zueinander. Abhängigkeiten zwischen Dimensionen führen zu erheblichen Problemen. Eine Dimension besitzt ein Schema z. B.

- Jahr, Woche, Tag
- Kontinent, Land, Stadt
- Produktfamilie, Produktklasse, Produktgruppe, Produkt

und zugehörige Werte z. B.

- (2007,...,1900), (1,...,52), (1,2,3,...,31)
- (Europa, ..., Afrika), (D,F,...,CH), (Dortmund,...,Bochum)

Sie hatten in »Grundlagen der OLAP-Funktionalität«, S. 61, festgestellt, dass sich das multidimensionale Modell durch einen **Spezifikationsvektor** beschreiben lässt. Dieser basiert als »ist Teilmenge von« auf dem kartesischen Produkt der einzelnen Dimensionen. Ebenso lässt sich im relationalen Modell eine Relation als Teilmenge der Werte des kartesischen Produktes der Attribute auffassen. Eine multidimensionale Würfelwerteausprägung c lässt sich also als Relation r darstellen und umgekehrt. Wie sieht eine solche Darstellung aus?

Zunächst hatten Sie bereits gesehen, dass zwischen den Dimensionen (in relationaler Terminologie: Schlüsselattribut) und den Fakten, den betriebswirtschaftlichen Kennzahlen (in relationaler Terminologie: einfache Attribute), unterschieden wird. Die Kennzahlen beschreiben die **Bewegungsdaten**, während die Schlüsselattribute Strukturdaten bzw. Stammdaten abbilden. Das Verhältnis im Datenvolumen zwischen Strukturdaten und den eigentlichen Bewegungsdaten ist denkbar ungünstig, da zur Speicherung einer Kennzahl die gesamte Schlüsselinformation ebenfalls gespeichert werden muss. Daher führt man eine Normalisierung des Datenbestands in Form des **Sternschemas** durch, bei der die einfachen Attribute in einer zentralen Faktentabelle erfasst werden (Abb. 4.3-1).

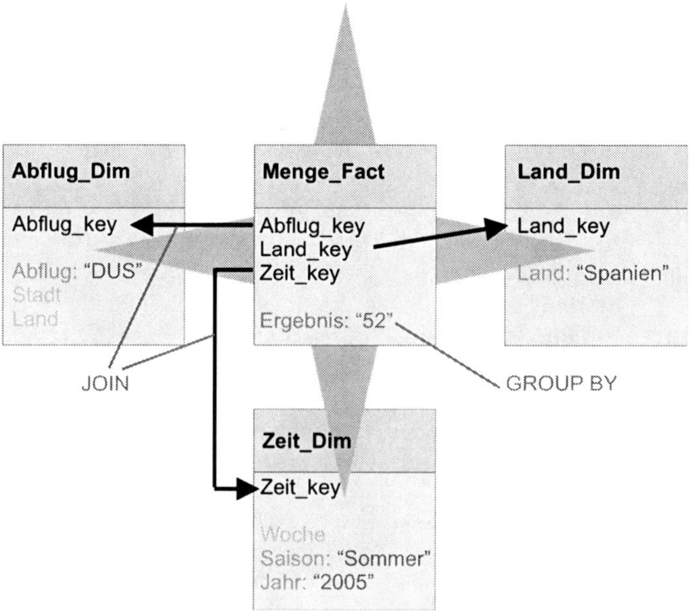

Abb. 4.3-1: Sternschema.

Um diese Faktentabelle gruppieren sich die Schlüsselattribute zur Beschreibung der Dimensionen in eigenen Tabellen. Zwischen der Faktentabelle und den Dimensionstabellen muss ein Zusammenhang hergestellt werden, um das Modell zu integrieren. Im relationalen Modell werden numerische Schlüssel zwischen den Dimensionstabellen und der Faktentabelle eingeführt. Die Tabellen werden durch eine JOIN Operation miteinander verbunden. Sollen Aggregationen von Werten wie in dem Beispiel des **Spezifikationsvektors**

s = (»all«, »all«, »Sommer 06«, »Ergebnis«)

berechnet werden, so erfolgt dieses unter Verwendung des GROUP BY Operators über die Dimensionen »Abflug« und »Land«, die in diesem Fall auf der obersten Hierarchieebene mit »all« ausgeprägt sind. Sie hatten bereits gesehen, dass die Analytische Anwendungen im Gegensatz zu operativen Anwendungen sehr viele Leseoperationen auslösen. Wenn diese Leseoperationen interaktiv auf einen Datenbestand durchgeführt werden, spricht man von ***Online Analytical Processing*** (oder kurz OLAP). Verwendet man konventionelle relationale **DBMS** (Datenbank Management Systeme) für die Speicherung der Daten (**ROLAP** = relationales OLAP), so lassen sich die Operationen `JOIN` und `GROUP BY` nur bei geringen Datenvolumina so effizient abbilden, dass der Benutzer ein akzeptables Online Verhalten vorfindet. Aus diesem Grunde haben sich proprietäre multidimensionale Datenbanksysteme (**MOLAP** = multidimensionales OLAP) etabliert, die die Verbindung zwischen Faktentabelle und Dimensionsbeschreibung durch die Verwendung effizienterer Algorithmen und Ausnutzung der Speicherstruktur herstellen. Zu diesen Algorithmen zählen vor allem die ***Hash***-Verfahren, die aus der Dimensionsangabe direkt die Adresse der Kennzahl ermitteln. Auf der anderen Seite sind diese Datenbanksysteme nicht so universell einsetzbar wie relationale DBMS. Die Effizienz des Einsatzes der verschiedenen Technologien hängt maßgeblich von der Struktur der zugrunde gelegten Daten ab. Die Begriffe MOLAP und ROLAP werden nachfolgend synonym für die Technik der *Data Warehouse* Datenspeicherung verwendet und sollten nicht mit der OLAP-Anwendung selbst verwechselt werden.

Beispiel: »Steigerung der Ergebnisentwicklung«

Der Entscheider und Anwender der Analytischen Applikation möchte eine Fragestellung beantworten. Zunächst interessiert ihn die globale Entwicklung des Unternehmensergebnisses für einen bestimmten Zeitpunkt. Er wendet daher auf **alle** Dimensionen mit Ausnahme der Zeitdimension das »all« Selektionskriterium an. Die »all« Selektion führt zu einer Aggregation durch Summenbildung über »all« Elemente. Für die Zeitdimension trifft er z. B. die Auswahl Winter 2001. Interessieren den Anwender spezifische Ausprägungen einer Dimension, so wählt er das entsprechende Element aus wie z. B. den Flughafen Dortmund.

Ergebnis *aller* **Produkte** von *allen* **Abflughäfen** im **Winter 2001**

Buchungen *aller* **Produkte** von **Dortmund** im **Sommer 2002**

Anschaulich kann man sich das zugrunde liegende analytische Datenmodell als multidimensionalen Würfel vorstellen. Dieser kann gedreht und geschnitten werden, sodass der Analyst verschiedene Ansichten auf die Würfelzellen erhält. Im Beispiel erhält ein Würfel *c* das Aussehen in Abb. 4.3-2.

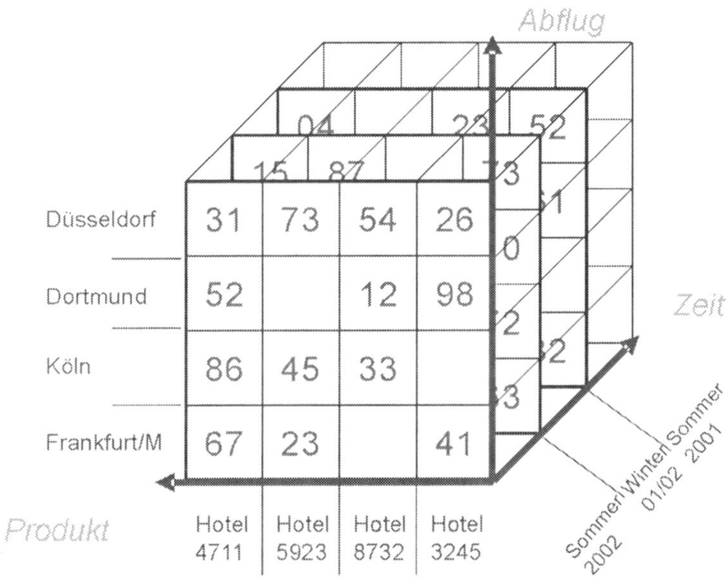

Abb. 4.3-2: Multidimensionales Datenmodell.

Die Auswahl wird durch einen Spezifikationsvektor beschrieben, der eine Zelle (im Falle totaler Spezifikation durch Ausprägungen respektive Klassifikationsknoten) oder Teilwürfel (im Fall der Angabe aggregierter Knoten durch die Angabe des Klassifikationslevels »all « in einer Dimension) bildet. In dem vorliegenden Beispiel ist der **Spezifikationsvektor s** definiert als Element des kartesischen Produkts der Produkt-, Abflughafen-, Zeit- und Kennzahlendimensionen:

s ∈ {Produkt x Abflughafen x Zeit x Kennzahl}

Eine konkrete Ausprägung in totaler Spezifikation, die eine einzelne Würfelzelle beschreibt, ist gegeben durch z. B.:

s = (»Hotel 4711«, »Dortmund«, »Sommer 02«, »Menge«)

Eine Teilspezifikation, die einen Teilwürfel definiert, ergibt sich z. B. durch:

s = (»all«, »all«, »Sommer 02«, »Ergebnis«)

Die eigentlichen betriebswirtschaftlichen Kennzahlen (Menge, Ergebnis) nehmen eine besondere Rolle ein. Konzeptionell werden diese auch als Dimensionen aufgefasst, um mehrere Kennzahlen gleichzeitig abzubilden.

Betriebswirtschaftliche Schemata sind z. B. Gewinn und Verlustschemata, Ergebnisschemata und Bilanzstrukturen. Eine Gewinn- und Verlustrechnung muss in jedem Fall eine Position Umsatzerlöse und eine Position Aufwendungen enthalten.

Analysis Services

Abb. 4.3-3 zeigt das Sternschema eines multidimensionalen Datenmodells zur Beschreibung soziodemografischer Daten in der Touristik. In der Mitte steht die Faktentabelle mit den Fremdschlüsseln für die Saison (»SeasonID«), das Jahr (»YearID«), das Reisebüro (»AgencyID«), das Land (»CountryID«), die Region (»RegionID«), das Einkommen (»IncomeID«) und das Alter (»AgeID«). Daneben enthält die Faktentabelle die Kennzahl für die Buchungen »Bookings«. Um die Faktentabelle gruppieren sich die Dimensionstabellen mit dem Schlüssel für die jeweilige ID und den Dimensionsausprägungen. Die Dimensionen »DimTime« und »DimGeography« sind hierarchisch aufgebaut.

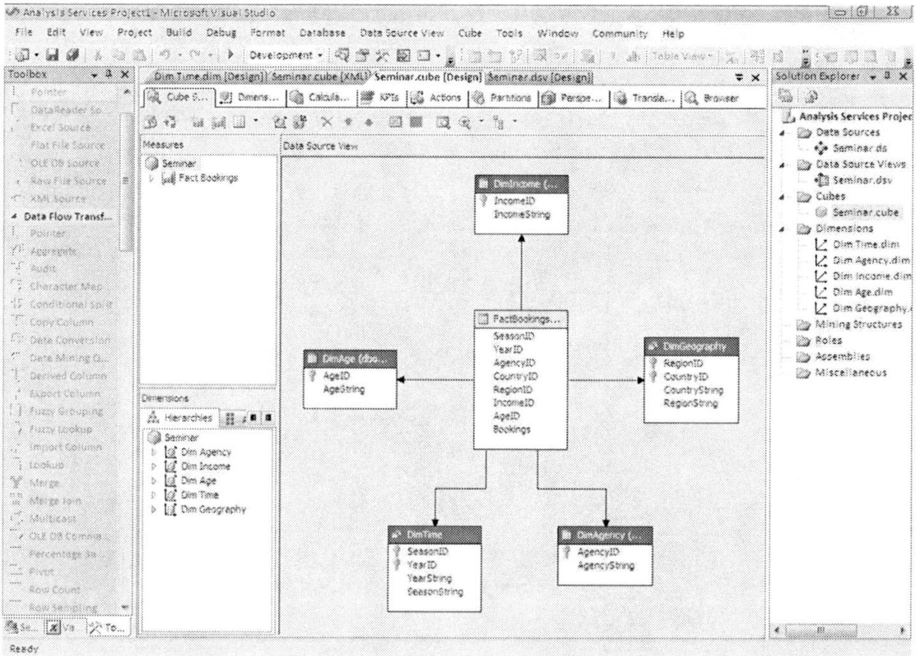

Abb. 4.3-3: Sternschema in Microsoft Analysis Services®.

4.4 Hierarchien *

Dimensionen können neben ihrem Schema und den Werten zusätzlich in mehrere Hierarchiestufen unterteilt bzw. klassifiziert sein. Die einzelnen Klassifikationsstufen enthalten Klassifikationsknoten, die der jeweiligen Stufe zugeordnet sind. Die Navigation innerhalb dieser hierarchischen Dimensionen erfolgt durch die Angabe der Granularität.

Dimensionen unterteilen sich in »flache« und »hierarchische« Dimensionen. Hierarchische Dimensionen sind baumartige Strukturen, wobei sich die höheren (zur Wurzel) angesiedelten Ebenen durch die Aggregation der unteren Ausprägungen, im einfachsten Fall durch eine `SUM ... GROUP BY` Beziehung bzw. 1:m Beziehung ergeben. Bei der Planungskoordination und der Konzernkonsolidierung sind zusätzliche Randbedingungen zu berücksichtigen (siehe »Planungskoordination«, S. 28, und »Konzernkonsolidierung«, S. 38), sodass komplexere Aggregatfunktionen erforderlich sind. Diese komplexen Funktionen sind im relationalen Datenbankmodell nicht vorgesehen und werden durch spezielle Module innerhalb von *Business Intelligence*-Werkzeugen realisiert.

Ein Beispiel für eine touristische hierarchische Produktdimension ist in Abb. 4.4-1 gegeben.

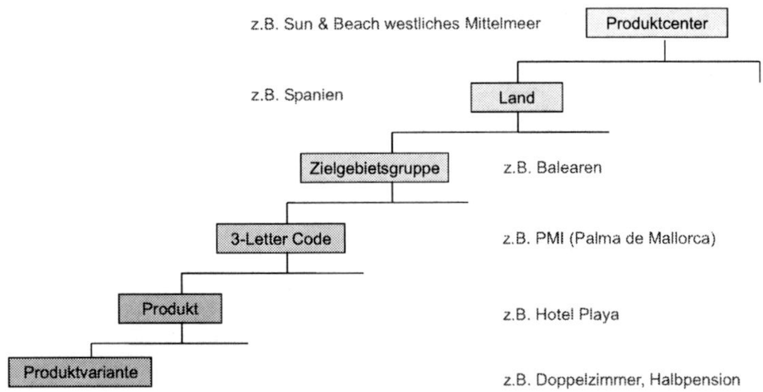

Abb. 4.4-1: Beispiel für die Dimension »Produkt« mit komplexer Hierarchie.

Die Elemente einer Stufe können geordnet sein:

- Geordnet: Zeit
- Ungeordnet: Produkt

Die Elemente verschiedener Stufen sind immer über die Hierarchiebeziehung angeordnet.

Formale Definition

Die Operationen in einem multidimensionalen Datenmodell sind Aggregationen und Verdichtungen. Aggregationen über die Hierarchien sind in unterschiedlicher Weise möglich. Es muss entschieden werden, welche sinnvollen Verdichtungen existieren. Anschließend erfolgt die Auswahl der sinnvollen Verdichtungen aus der Menge aller möglichen Verdichtungen (Abb. 4.4-2). Die Pfeile repräsentieren die Hierarchiebeziehung vom niedrigen (Pfeilende) zum höheren (Pfeilspitze) Level. Ein DBMS führt nur diejenigen Verdichtungen aus, die als sinnvoll erkannt wurden. Dieses Vorgehen erlaubt Anfrageoptimierungen bezüglich der Verdichtungsoperation.

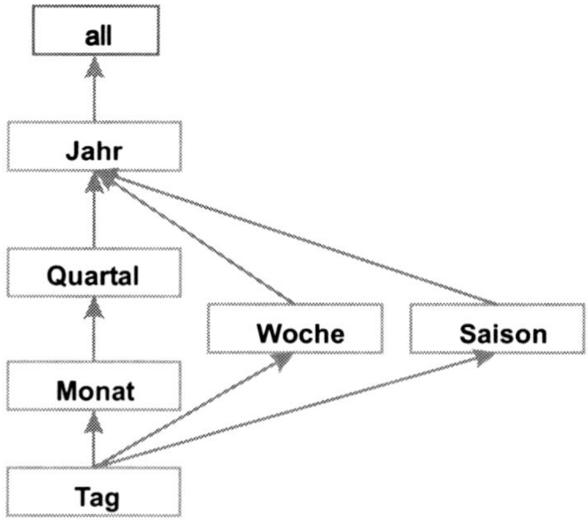

Abb. 4.4-2: Alternative Hierarchie.

In einer Hierarchie existieren verschiedene Hierarchiebeziehungen, die durch funktionale Abhängigkeiten bestimmt werden. Die Abb. 4.4-3 zeigt einige Beziehungen.

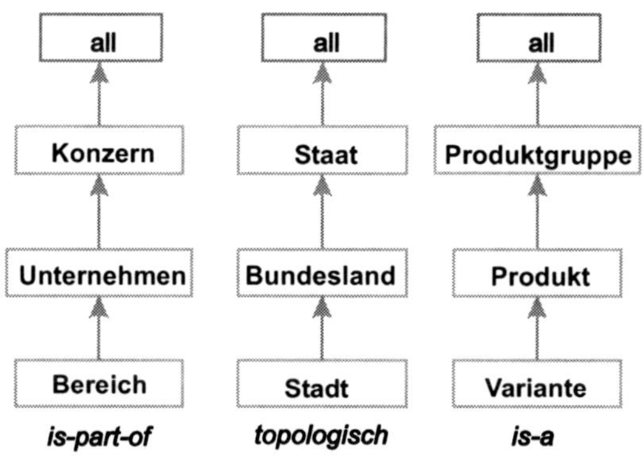

Abb. 4.4-3: Semantik von Hierarchiebeziehungen.

Definition Klassifikationsschema

Die folgende Darstellung basiert auf [Lehn03] und [BaGü01].

Ein **Klassifikationsschema** K einer Dimension D ist ein Fünf-Tupel

$[k_0, k_1, ..., k_n, \rightarrow, M, stufe(), knoten()]$ mit

- $k_0, k_1, ..., k_n$ als Menge der **Klassifikationsstufen**
- M der Menge der **Klassifikationsknoten**

- $\rightarrow$ als **Halbordnung** auf $k_0, k_1, ..., k_n$ mit k_n als größtem Element
- $stufe()$ weist jedem Klassifikationsknoten genau eine Klassifikationsstufe zu
- $knoten()$ als die Umkehrfunktion zu $stufe()$

Beispiel: Klassifikationsknoten

Die Menge der Klassifikationsknoten ist durch die Werteausprägungen bzgl. einer Dimension gegeben. So ist in der Dimension »Geografie« der Wert »Dortmund« ein Klassifikationsknoten aus der Menge M auf der Klassifikationsstufe k_0 mit der Bezeichnung »Stadt«.

Die **Halbordnung** $\rightarrow$ überträgt sich dabei auf die Klassifikationsknoten. Die Klassifikationsstufen bilden die »Schemaelemente« der Dimension. Das größte Element k_n ist ein ausgezeichnetes Element mit der besonderen Eigenschaft, dass es für »all« steht, d. h. der Verdichtung aller Elemente auf einen Wert. Die Halbordnung $\rightarrow$ besitzt weitere folgende Eigenschaften:

- Sie beschreibt die funktionale Abhängigkeit.
- Elemente einer niedrigen Klassifikationsstufe lassen sich zu einem Element einer höheren Klassifikationsstufe aggregieren.

Beispiel: Halbordnung

Ein Beispiel für eine solche Halbordnung ist die Zeithierarchie, bei der der Tag den Monat, der wiederum das Jahr bestimmt. Die Zusammenfassung der Jahre führt zu »all« Jahre:

24.12.2007 $\rightarrow$ 12.2007 $\rightarrow$ 2007 $\rightarrow$ »all«

Ein weiteres Beispiel beschreibt die Halbordnung aus der Produkthierarchie der Abb. 4.4-1 :

SBW-E-BA-PMI-Playa-HP $\rightarrow$ SBW-E-BA-PMI-Playa $\rightarrow$ SBW-E-BA-PMI $\rightarrow$ SBW-E-BA $\rightarrow$ SBW-E $\rightarrow$ SBW $\rightarrow$ »all«

mit den Abkürzungen Sun&Beach West (SBW), Spanien (E), Balearen (BA), Palma de Mallorca (PMI), Hotel Playa (Playa) und Halbpension (HP).

Betont sei an dieser Stelle, dass Halbordnungen immer zyklusfrei sind.

Jede Klassifikationsstufe enthält eine Menge von **Attributen**. Sie beschreiben die einzelnen Knoten in der Art, wie Attribute in relationalen Datenmodellen Entitäten beschreiben. Die Abb. 4.4-4 zeigt ein Beispiel für Attribute bezüglich einer Ortshierarchie.

Attribute

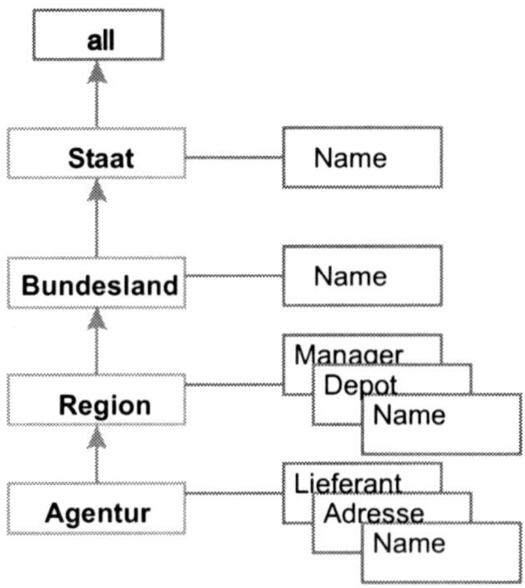

Abb. 4.4-4: Knotenattribute.

Klassifikationsknoten stellen die Werte der **Schemaelemente** einer Dimension dar, die auch **Stufen** oder ***Level*** genannt werden. Jeder Knoten ist über die Funktion $stufe()$ genau einer Stufe zugeordnet. Z.B. darf kein Produkt gleichzeitig zwei Produktgruppen angehören. Die oberste Stufe besitzt nur einen Knoten »all«. Die Menge M gliedert sich somit in die disjunktiven Mengen $knoten(k_i)$.

Ein **Klassifikationspfad** P in einem Klassifikationsschema K ist eine Menge von Klassifikationsstufen $p_0, ..., p_m$ für die gilt:

Definition Klassifikationspfad

- $p_0, ..., p_{m-1}$ ist Teilmenge von $k_0, ..., k_{n-1}$
- $p_m = k_n$
- für alle p_i gilt $p_i - 1 \rightarrow p_i$
- die Länge des Pfades ist $|P| = m + 1$
- die Klassifikationsstufe von p_i in P ist i

Ein **Pfad** bildet damit eine voll geordnete Teilmenge von $k_0, ..., k_n$ und enthält das oberste Element »all«. Pfade dienen zur Beschreibung von Verdichtungswegen innerhalb der Hierarchie.

Beispiele für Pfade zeigt die Abb. 4.4-5 für die Dimension der Zeit.

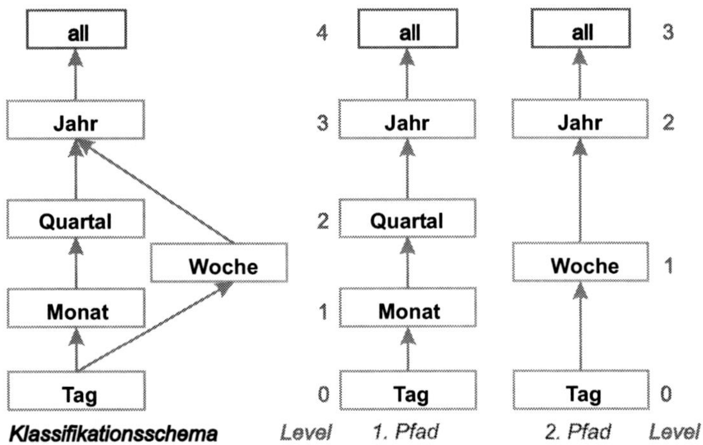

Abb. 4.4-5: Pfade und Level.

Der **Klassifikationslevel** einer Stufe ist nur in einem **Pfad** eindeutig, da Klassifikationsschemata alternative **Pfade** aufweisen können. Daher ist der Level des obersten Elements »all« nicht konstant und ebenfalls pfadabhängig.

Definition Klassifikationshierarchie

Die **Klassifikationshierarchie** $K(P)$ zu einem Klassifikationsschema K und einem **Pfad** P ist gegeben durch einen Baum mit den Knoten N und den Kanten E. Dabei ist N eine Teilmenge der Klassifikationsknoten M, und die Kanten befinden sich zwischen Knoten auf dem Klassifikationspfad P. Das bedeutet, die **Klassifikationshierarchie** entspricht der **Knotenhierarchie** in einem **Pfad**.

Definition Dimension

Eine **Dimension** $D = (K, P_1, ..., P_j)$ besteht aus

- einem Klassifikationsschema K.
- einer Menge von Pfaden P_i aus K.
- Jedes k aus K muss in mindestens einem Pfad in D enthalten sein.
- Für jedes k in K existiert mindestens ein Pfad, nämlich $k \rightarrow$ »all«. Die Dimension muss nicht aus allen Pfaden

bestehen, die in K enthalten sind. Die Auswahl erfolgt designabhängig.
- Ausgewählt wird die Notation $D.k$, um eine Klassifikationsstufe k aus D zu beschreiben.
- Jedes $D.k$ kann in mehreren Pfaden enthalten sein.

Basierend auf einer Menge U von n Dimensionen $D_1, ..., D_n$ ist eine **Granularität** G über U als Menge $D_1.k_{k1}, ..., D_n.k_{kn}$ gegeben, für die gilt:

Definition Granularität

- k_{ki} ist eine Klassifikationsstufe in D_i.
- Es existiert keine funktionale Abhängigkeit zwischen den Klassifikationsstufen $D_1.k_{k1}, ..., D_n.k_{kn}$.

Mit der Granularität wird festgelegt, in welcher Detailstufe Fakten in den einzelnen Dimensionen beschrieben werden.

Eine **Halbordnung** $>$ auf der Menge aller Granularitäten zu einer Dimensionsmenge U ist definiert durch:

Definition Halbordnung auf Granularitäten

- Gegeben ist $G_1 = D_1^1.k_{1k}^1, ..., D_n^1.k_{kn}^1$ und $G_2 = D_1^2.k_{k1}^2, ..., D_n^2.k_{kn}^2$.
- Die Ordnung der Dimensionen in G_i ist beliebig aber konsistent.
- Es gilt $G_2 > G_1$ genau dann wenn für alle i gilt: $D_i^1.k_{ki}^1 \rightarrow D_i^2.k_{ki}^2$ oder $D_i^1.k_{ki}^1 = D_i^2.k_{ki}^2$.

Die Granularität bildet die hierarchische Version einer Würfelspezifikation (vgl. »Grundbegriffe des multidimensionalen Datenmodells«, S. 129).

Beispiel: Halbordnung auf Granularität

Die Abb. 4.4-6 zeigt die drei hierarchischen Dimensionen für Organisation O , Geografie G und Zeit Z.

Es gilt folgende Ordnung auf der Granularität:

(O.all, G.all, Z.all)

> (O.Sparte, G.all, Z.Monat)

> (O.Sparte, G.Agentur, Z.Monat)

> (O.Sparte, G.Agentur, Z.Tag)

Die OLAP-**Navigationsoperationen** entsprechen einem Wechsel in der Granularität!

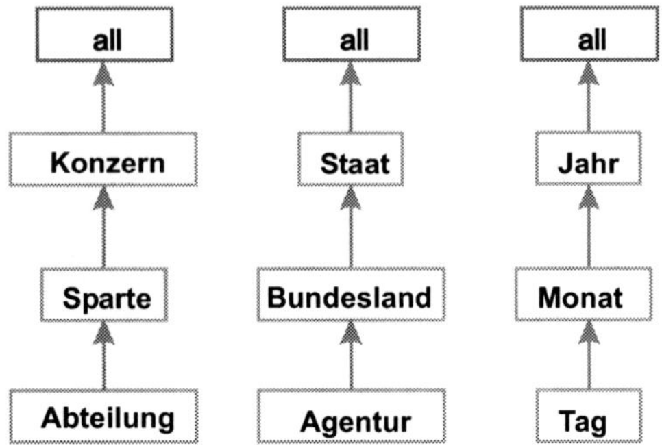

Abb. 4.4-6: Halbordnung auf Granularitäten.

Definition Würfelschema

Ein **Würfelschema** $WS = (G, F)$ besteht aus

- einer Granularität G
- einer Menge F von unterschiedlichen Fakten F_i

Definition Würfel

Ein **Würfel** W bildet eine Instanz eines **Würfelschemas** (G, F)

$$W = dom(G) \times dom(F)$$
$$= knoten(D_1.k_{k1}) \times ... \times knoten(D_n.k_{kn})x \times dom(F_1) \times dom(F_j)$$

Die Werte $dom(G)$ geben die Koordinaten der Werte $dom(F)$ an. Die Beziehung des Würfelschemas zu einem Würfel kann aufgefasst werden, wie das Verhältnis von Relationenschema zur Relation im relationalen Datenmodell.

4.5 Beispiel eines multidimensionalen Datenmodells *

Die Begriffe des multidimensionalen Datenmodells werden an einem einfachen Beispiel veranschaulicht.

Beispiel

Das Beispiel in Abb. 4.5-1 verdeutlicht die verschiedenen formalen Begriffe anhand eines einfachen Anwendungsfalles. Ein *Data Warehouse* zur Verwaltung von Reisen wird aufgesetzt.

Fakten

Die Fakten beschreiben den Bestand (= freie noch verfügbare Kapazität) des Hotelangebots und die bereits eingegangenen Buchungen jeweils zu einer Stichtagswoche.

Dimensionen

Zeit mit den Klassifikationsstufen: Monat, Quartal, Woche, Jahr

Ort des Angebots im Quellmarkt mit Klassifikationsstufen: Region, Land

Produkt mit den Klassifikationsstufen: Produktcenter, Zielgebiet, Hotel

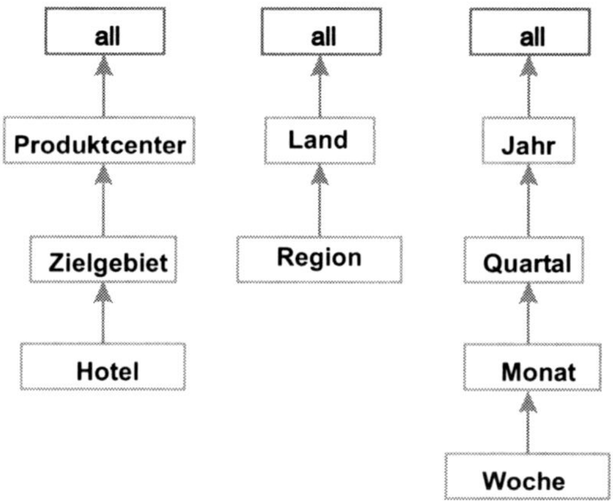

Abb. 4.5-1: Beispiel Hierarchien.

Pfade

Innerhalb der Klassifikationsstufen existieren die in der Abbildung durch orangefarbene Pfeile dargestellten Halbordnungen.

P1: Monat → Quartal → Jahr → all

P2: Woche → Jahr → all

P3: Region → Land → all

P4: Hotel → Zielgebiet → Produktcenter → all

Ausprägungen

Entlang dieser Pfade sind Aggregationen im Modell sinnvoll.

Zu jeder Klassifikationsstufe gehören einzelne Ausprägungen:

Jahr

2007, 2006, 2005, 2004

2004

Q1, Q2, Q3, Q4

Q1

Jan, Feb, Mar

Q4

Oct, Nov, Dec

Land

D, F, GB, CH

D

NRW, Hessen,...

Produktcenter

Fernreisen, Sun & Beach West, Sun & Beach Ost, Country

Fernreisen

Phuket, Colombo, Sydney, Male

Phuket

Lotus Garden, Beach Resort,...

Male

Sun Rise

Aus Gründen der Übersichtlichkeit wurden nicht alle Quartale ausgeprägt. Es handelt sich somit um einen Winterprogramm.

Klassifikations-hierarchie

Aus den Ausprägungen und den Klassifikationspfaden ergibt sich die **Klassifikationshierarchie**, für den Pfad ***P1*** ergibt sich die Hierarchie in der Abb. 4.5-2.

Man beachte, dass in der Klassifikationshierarchie alle Wege von der Wurzel zu jedem Blatt die gleiche Länge besitzen. Die Klassifikationshierarchie für den Pfad ***P2*** ist in der Abb. 4.5-3 dargestellt.

Die Klassifikationshierarchie des Pfades ***P3*** innerhalb der Geografiedimension zeigt die Abb. 4.5-4.

Die Abb. 4.5-5 zeigt die Klassifikationshierarchie für den Pfad ***P4***.

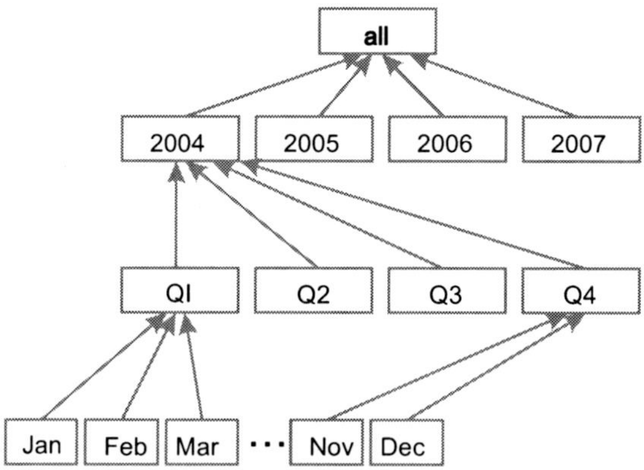

Abb. 4.5-2: Klassifikationshierarchie des Pfades P1.

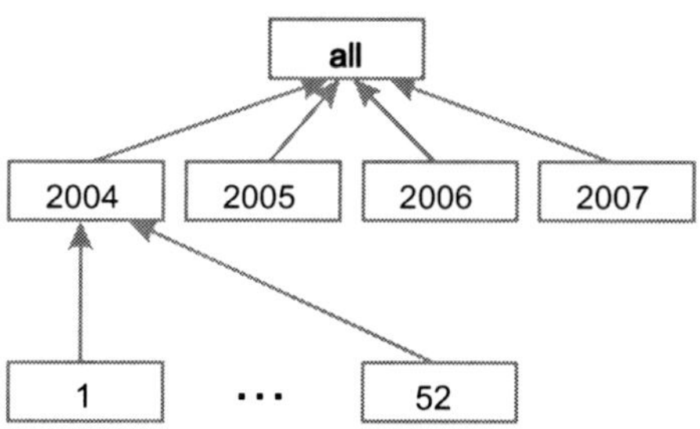

Abb. 4.5-3: Klassifikationshierarchie des Pfades P2.

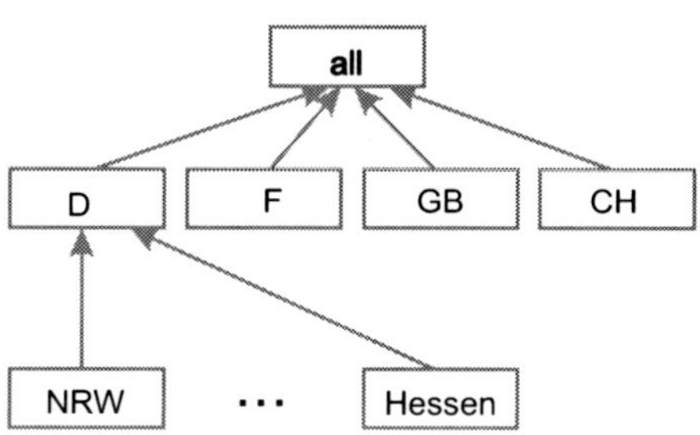

Abb. 4.5-4: Klassifikationshierarchie des Pfades P3.

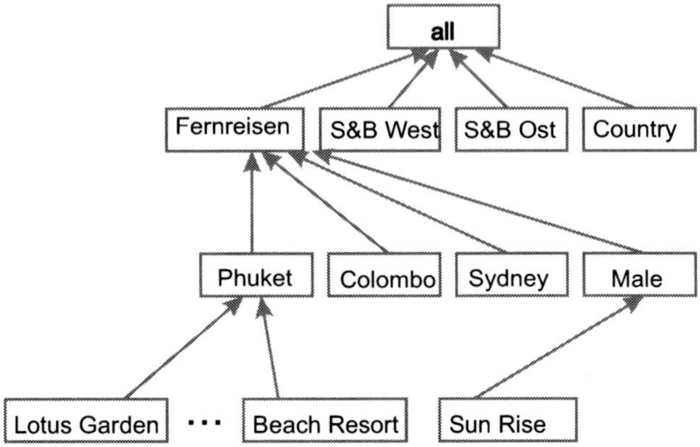

Abb. 4.5-5: Klassifikationshierarchie des Pfades P4.

Dimensionen

Die Dimensionen setzen sich aus Klassifikationsstufen und Klassifikationspfaden zusammen. Damit ergibt sich für das Beispiel:

Dimension »Zeit«

({Monat, Quartal, Woche, Jahr}, {P1, P2})

Dimension »Ort«

({Region, Land},{P3})

Dimension »Produkt«

({Produktcenter, Zielgebiet, Hotel},{P4})

Granularitäten

Beispiele für mögliche Granularitäten bilden die Tupel

G_1 = (Zeit.Woche, Ort.Land, Produkt.Hotel)

G_2 = (Zeit.Jahr, Ort.Region, Produkt.Produktcenter)

dabei gilt

(Zeit.all, Ort.all, Produkt.all)

> (Zeit.Jahr, Ort.all, Produkt.Produktcenter)

> (Zeit.Jahr, Ort.Region, Produkt.Produktcenter)

> (Zeit.Jahr, Ort.Region, Produkt.Hotel)

Würfelschema

Das Würfelschema setzt sich aus der Granularität (z. B. G_1) und der Menge von Fakten (F_1 Hotelbestand, F_2 »Ab«-Preis) zusammen. Der Würfel entsteht als Instanz des Würfelschemas. Die Würfeloperationen verändern die Granularität.

Zusammenfassung

Die Abb. 4.5-6 zeigt die Begriffe Dimension, Klassifikationsstufen und Klassifikationsknoten im grafischen Zusammenhang bezüglich der Zeitdimension. Dabei wurde das Beispiel um die Klassifikationsstufe Tag ergänzt.

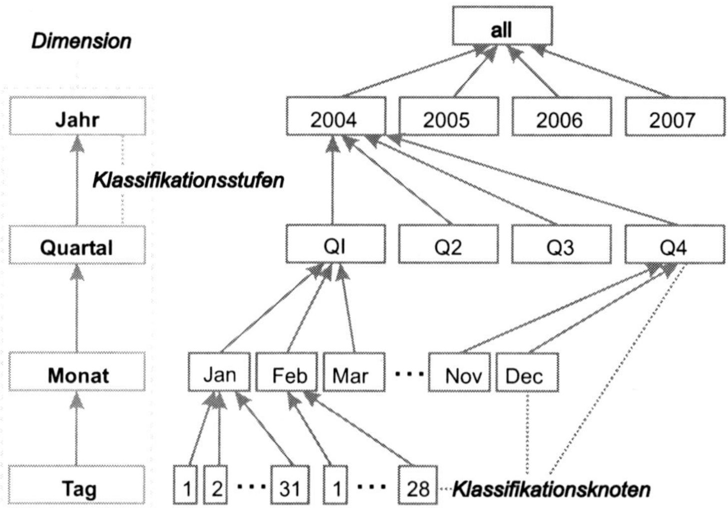

Abb. 4.5-6: Zusammenhang der Begriffe.

4.6 Materialisierte Sichten ****

OLAP-Systeme finden bei der teilmanuellen Analyse ihren Einsatz. Eine effiziente Anfrage- und Antwortperformance stellt daher einen wichtigen Systemparameter dar. Eine Möglichkeit die Performance zu erhöhen, besteht darin, die Anfragen als Sichten im *Data Warehouse* vorzuberechnen, d. h. zu materialisieren. Man spricht bei diesem Vorgehen von materialisierten Sichten.

Grundlagen

Aufgrund der Tatsache, dass in einem *Data Warehouse* die zu analysierenden Daten einen enormen Umfang annehmen, kann die Auswertung der Daten zu einer Anfrage ineffizient werden. Bei analytischen Anfragen handelt es sich meistens um Aggregatfunktionen (z.B. SUM, COUNT, MIN, MAX). Da die Aggregatfunktionen die Eigenschaft besitzen, die Daten über Klassifikationsstufen zu verdichten, hat das Ergebnis einer solchen Anfrage meistens ein geringeres Datenvolumen als die Tabelle, auf der sie angewendet wurde.

Aufgrund dieser Tatsache sollten häufig verwendete Anfragen direkt in Form von Sichten im *Data Warehouse* materialisiert werden. Dadurch, dass die Anfragen nun auf die **materialisierten Sichten** zugreifen können, wird die Anfrageausführungszeit deutlich verringert. Eine vollständige Materialisierung aller Aggregationen führt allerdings zu einer Explosion des Datenvolumens. Daher muss eine Beschränkung auf die häufigsten Anfragen erfolgen, um dieser Explosion entgegenzuwirken.

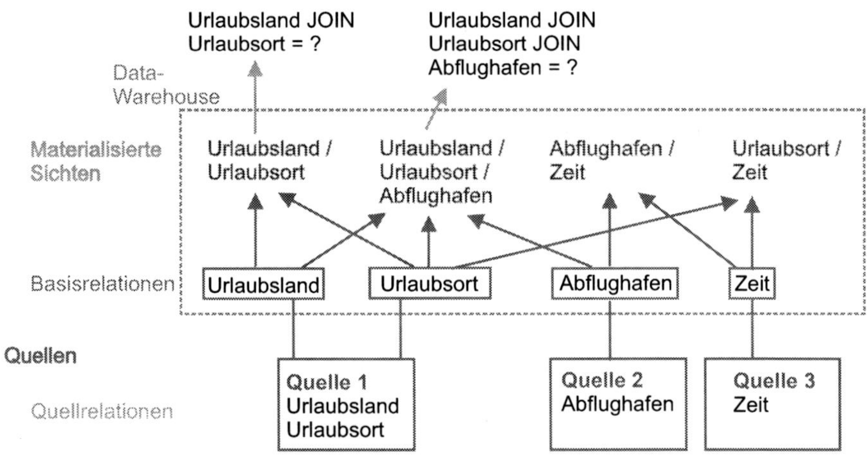

Abb. 4.6-1: Prinzip der materialisierten Sichten.

Die Abb. 4.6-1 verdeutlicht das Prinzip der materialisierten Sichten. Im *Data Warehouse* werden ausgewählte Relationen (Urlaubsland, Urlaubsort, Abflughafen, Zeit) aus verschiedenen Quellen extrahiert und als »Basisrelation« gespeichert. Das Join-Produkt, d.h. der Verbund mehrerer Basisrelationen, bildet eine Sicht. Dieses Produkt wird meistens zusätzlich mit einer Aggregatfunktion und/oder einer Restriktionsbedingung kombiniert. Die so erstellten Sichten ({Urlaubsland, Urlaubsort}, {Urlaubsland, Urlaubsort, Abflughafen}, {Abflughafen, Zeit}, {Urlaubsort,

Zeit}) werden für einen effizienteren Zugriff auf die Daten der Basisrelation direkt im *Data Warehouse* materialisiert.

Probleme

Da durch eine große Anzahl von materialisierten Sichten die Anfrageausführungszeit sinkt, andererseits jedoch der benötigte Speicherplatz zur Ablage der Sichten mit zunehmender Anzahl steigt, ist die Auswahl der zu materialisierten Sichten eines der Hauptprobleme. Hierbei gilt es, eine optimale Balance zwischen dem benötigten Speicher und der Reduktion der Anfragezeit zu finden. Des Weiteren müssen Sichten und Ausgangsdatenbestand bei Änderungen in den Quelldatenbanken möglichst effizient synchronisiert werden.

Anfrageumformulierung *(»Query Rewrite«)*

Eine wichtige Voraussetzung für die Nutzung von materialisierten Sichten ist, dass die Formulierung von Anfragen unabhängig von den Sichten durchgeführt werden kann. Das heißt, das System muss eine transparente Nutzung gewährleisten.

Auswahl von Sichten

Um materialisierte Sichten wieder verwenden zu können, ist die Additivität, d.h. die Kombination der verwendeten Aggregatfunktionen, eine wichtige Voraussetzung. Wenn eine Anfrage eines Anwenders nicht genau einer materialisierten Sicht entspricht, ist die oben genannte Eigenschaft nötig, um Auswertungen von anderen Aggregationsanfragen zu nutzen. Hierbei kommt es zu einer Verschachtelung von Aggregationen.

Eine weitere Voraussetzung zur Wiederverwendung ist, dass ein Auswertungskontext für Anfragen mit Aggregationen vorhanden sein muss. Das bedeutet, dass die Ableitungsbeziehungen zwischen verschiedenen Gruppierungsattributen darstellbar sein müssen. Dazu kann zum Beispiel das sogenannte Aggregationsgitter verwendet werden.

Aggregationsgitter

Ein Aggregationsgitter wird durch einen azyklischen Abhängigkeitsgraph beschrieben. Dieser zeigt an, für welche Kombination von Gruppierungsattributen sich Aggregationsfunktionen direkt oder indirekt aus anderen ableiten lassen. Jede Möglichkeit, eine materialisierte Sicht zu bilden, bildet einen Knoten im Graphen. Das oberste Element im Graphen entspricht einer Aggregation über alle Einzelwerte. Dieses nicht gruppierte Element wird als Superaggregat bezeichnet.

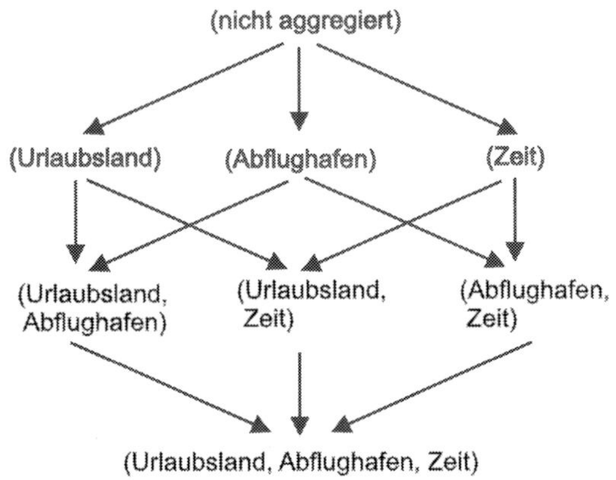

Abb. 4.6-2: Abhängigkeitsgraph der Materialisierung.

Beispiel

Die Abb. 4.6-2 zeigt ein Beispiel, in dem in der untersten Ebene nach allen drei Attributen (Urlaubsland, Abflughafen und Zeit) gruppiert wurde. Aus dieser Dreierkombination lassen sich nun direkt drei Zweierkombinationen ableiten:

- Urlaubsland und Abflughafen
- Urlaubsland und Zeit
- Ablughafen und Zeit

Aus den Zweierkombinationen können wiederum drei Attribute (Urlaubsland, Abflughafen, Zeit) abgeleitet werden. Die Wurzel repräsentiert das Superaggregat, bestehend aus den Einzelgruppierungen.

Wie im Beispiel gesehen, ergibt sich für n Gruppierungsattribute eine Knotenmenge von 2^n. Hierbei stellt sich nun die Frage nach der Auswahl der einzelnen zu materialisierenden Sichten, da eine Materialisierung aller Kombinationen zu aufwändig wäre: Bei 15 möglichen Gruppierungsattributen ergeben sich z. B. 32768 mögliche Kombinationen für Gruppierungen.

Um eine möglichst optimale Menge an Materialisierungen zu finden, erfolgt die Auswahl der zu materialisierenden Sichten zu einem bestimmten Zeitpunkt. Diese Auswahl wird von einem Algorithmus oder dem Administrator durchgeführt und beruht meistens auf dem Anfrageverhalten der Vergangenheit. Das aktuelle Anfrageverhalten wird hierbei nicht in die Berechnung mit einbezogen.

statische Auswahl von materialisierten Sichten

Da der Auswahlalgorithmus mit einer Komplexität von $O(n^3)$ mit n als Anzahl der Knoten des Aggregationsgitters, relativ rechenaufwändig ist, lassen sich noch einige Optimierungen durchführen.

Optimierung des Auswahlalgorithmus

Eine Optimierungsmöglichkeit besteht in der Ausnutzung von funktionalen Abhängigkeiten zwischen den Gruppierungsattributen. Durch diese Abhängigkeit lassen sich einige Gitterknoten zusammenfassen.

Beispiel: funktionale Abhängigkeit

Wenn gilt »Urlaubsort → Urlaubsland«, dann sind die beiden Gruppierungen »Urlaubsort« und »Urlaubsort, Urlaubsland« äquivalent, denn das Urlaubsland wird durch den Urlaubsort eindeutig bestimmt. Da jedoch aus dem Urlaubsland keinerlei Rückschlüsse auf den Urlaubsort möglich sind, ist der umgekehrte Fall nicht abbildbar.

Eine weitere Optimierungsmöglichkeit besteht darin, nur die Knoten zu berücksichtigen, deren Attribute in den auftretenden Anfragen vorkommen.

Die Betrachtung des Verdichtungsfaktors der einzelnen Knoten ist ebenfalls eine Optimierungsmöglichkeit des Algorithmus. Hierbei werden Knoten, die nicht genügend Daten zusammenfassen, nicht weiter betrachtet.

Probleme

Probleme der statischen Auswahl bestehen darin, dass nur das Anfrageverhalten der Vergangenheit zur Entscheidung der Materialisierung genutzt wird. Zudem basiert diese auf der Annahme, dass sich die ausgewählten Sichten über einen gewissen Zeitraum nicht ändern.

dynamische Auswahl von materialisierten Sichten

Aufgrund der Probleme der statischen Auswahl ist es nötig, die Auswahl der Sichten um das aktuelle Anfrageverhalten zu ergänzen.

Dieses ist bei OLAP-Anwendungen wichtig, da innerhalb einer OLAP-Sitzung häufig Anfragen aufeinander aufbauen. Aufgrund dieser Tatsache wird in einem reservierten Speicherbereich ein Teil der Anfrageergebnisse zur Wiederverwendung materialisiert. Da die Ergebnismengen von Anfragen oft relativ klein sind, wird durch die temporäre Speicherung der Ergebnisse eine deutliche Beschleunigung bei vergleichsweise geringem Speicherplatz erreicht.

Fazit

Da in einem *Data Warehouse* eine große Menge von auszuwertenden Daten bereitsteht und die Anfragen zur Analyse dieser Daten von hoher Komplexität sind, ist die Anforderung an die Performance sehr hoch. Dieser Anforderung werden die materialisierten Sichten gerecht, in dem sie die Anfrageantwortzeit stark verringern. Durch den erhöhten Speicherplatzbedarf und den Verwaltungsaufwand entstehen allerdings neue Anforderungen. Letzten Endes gilt es, einen möglichst idealen Kompromiss zwischen Aufwand und Nutzen der materialisierten Sichten zu finden ([Benz03], [ChDa97]).

4.7 Anforderungen an ein *OLAP*-System **

OLAP-Systeme müssen definierten Anforderungen genügen, um dem Anwender zu nutzen. E.F. Codd und N. Pendse geben jeweils einen solchen Anforderungskatalog an, der diese Eigenschaften beschreibt.

OLAP Systeme entstanden aus der Unzulänglichkeit relationaler Systeme, komplexe analytische Anfragen leicht zu erstellen. Die technische Realisierung solcher Systeme entstand als Folge der Forderungen nach bestimmten Systemeigenschaften durch E. F. Codd und später durch N. Pendse.

Edgar F. Codd

Der Begriff OLAP wurde 1993 von Edgar F. Codd eingeführt [CCS93]. Zwölf Regeln beschreiben danach die Anforderungen an ein OLAP System.

1 Multidimensionale konzeptionelle Sicht auf die Daten (wichtigstes Kriterium für OLAP)
2 Transparenz (klare Trennung zwischen Benutzerschnittstelle und der zu Grunde liegenden Architektur)
3 Zugriffsmöglichkeiten (Bezug der Basisdaten aus externen oder operationalen Datenbeständen)

4 Effiziente Berichterstattung (möglichst schnelle Reportingfunktionalität)
5 **Client-Server-Architektur** (auf den Verwendungszweck optimierte Lastverteilung)
6 Generische Dimensionalität (alle Dimensionen in ihrer Struktur und Funktionalität einheitlich)
7 Dynamische Handhabung der Sparsity von Würfeln (dynamische Speicherstrukturanpassung)
8 Mehrbenutzerunterstützung
9 Unbeschränkte dimensionsübergreifende Operationen
10 Intuitive Datenanalyse (direkte Navigation innerhalb der Datenwürfel)
11 Flexibles Berichtswesen (Ergebnisse im Report können frei angeordnet werden)
12 Unbegrenzte Anzahl von Dimensionen und Konsolidierungsebenen (15 bis 20 Dimensionen mit beliebig vielen Aggregationsstufen)

Nigel Pendse

1995 stellt Nigel Pendse unter der Abkürzung FASMI fünf herstellerunabhängige Evaluierungsregeln zur Auswahl von OLAP Systemen auf [PeCr95]. **FASMI** bedeutet »Fast Analysis of Shared Multidimensional Information« und steht für:

1 ***Fast:*** Abfragen sollen im Schnitt fünf Sekunden dauern, wobei einfache Abfragen nicht länger als eine Sekunde und komplexere Abfragen bis zu 20 Sekunden Verarbeitungszeit beanspruchen dürfen.
2 ***Analysis:*** Die Definition einer komplexeren Analyseabfrage muss durch den Anwender mit wenig Aufwand zu realisieren sein.
3 ***Shared:*** Ein OLAP System soll für den Mehrbenutzerbetrieb ausgelegt sein. Dieses bedingt eine Verfügbarkeit geeigneter Authorisierungsmechanismen.
4 ***Multidimensional:*** Pendse fordert eine mehrdimensionale Strukturierung der Daten mit voller Unterstützung hierarchischer Dimensionen.
5 ***Information:*** Bei der Analyse sollen einem Anwender alle relevanten Daten zur Verfügung stehen. Eine Analyse darf nicht durch Beschränkungen des OLAP Systems beeinflusst werden.

4.8 Mengengerüste multidimensionaler Datenmodelle **

Die Komplexität eines multidimensionalen Datenmodells ergibt sich durch die Anzahl der Dimensionen, die Tiefe der Klassifikationshierarchie und die Anzahl der Klassifikationsknoten pro Klassifikationsstufe. Die Analyse der Abhängigkeiten dieser Parameter bildet die Voraussetzung für eine geeignete Technologieauswahl.

Nachfolgend wird eine Abschätzung auf Basis der entscheidenden strukturbeschreibenden Parameter **Dimensionsanzahl**, ***Sparsity*** (»Dünnbesetztheit«) und **Datenvolumen** anhand »flacher« Dimensionen vorgenommen.

Beispiel: Fluch der Dimensionen

Betrachten Sie hierzu zunächst ein Beispiel mit einer Datenbesetzung pro Dimension von 33 Prozent (Abb. 4.8-1). Nur jede dritte Zelle in einer Dimension ist damit belegt. Liegt nur eine Dimension vor, so ist diese trivialerweise zu 1/3 belegt. Enthält unser Modell zwei **Dimensionen** liegt eine Belegung von 1/9 vor. Bei drei Dimensionen erhält man eine Belegung von 1/27.

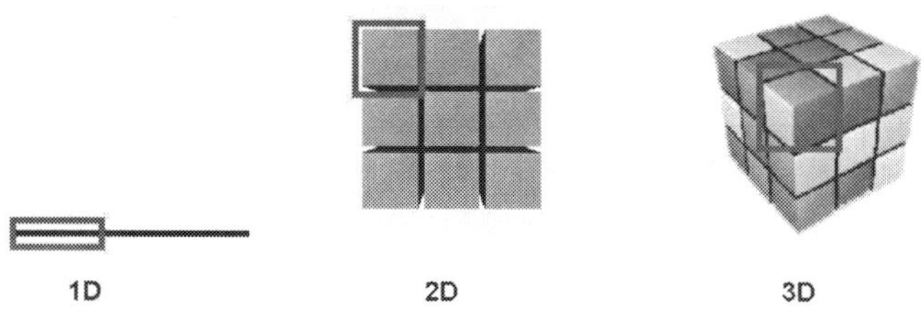

Abb. 4.8-1: »Fluch der Dimensionen«.

Man beobachtet hier den sog. »Fluch der Dimensionen«. Hohe Dimensionalität verbunden mit nicht vollständig besetzten Werten führt zu nahezu »leeren« Würfeln, der Würfel ist »dünn besetzt« oder Englisch »*sparse*«. Auch ein großes Datenvolumen führt im Fall hoher Dimensionsanzahl nicht zwangsläufig zu einer vollen Belegung der Würfelzellen mit Werten.

Beispiel

Geht man von einem Hyperwürfel aus, der 90 Ausprägungen pro Dimension besitzt, die jeweils mit 30 Werten besetzt sind. Dies entspricht der 33 prozentigen Belegung aus dem obigen Beispiel. In diesem Fall entwickelt sich die *Sparsity* und das Datenvolumen in Gigabyte bei steigender Anzahl der Dimensionen wie in der Abb. 4.8-2 dargestellt.

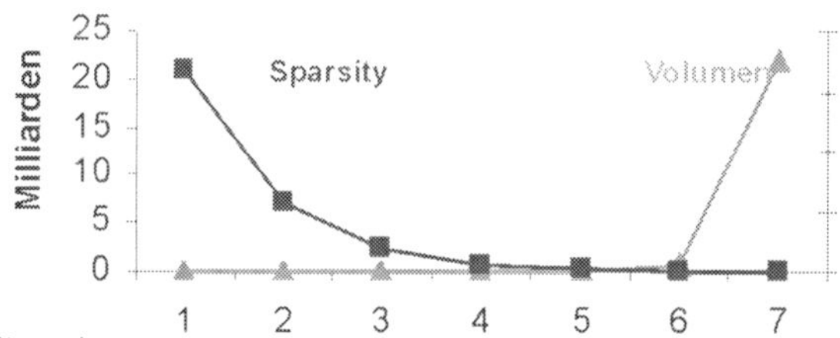

Anzahl der Dimensionen	1	2	3	4	5	6	7
Sparsity	1/3	1/9	1/27	1/81	1/243	1/729	1/2187
Datenvolumen in Zellen	30	900	2.7k	810k	24M	0.7G	21G

Abb. 4.8-2: Abhängigkeit von Datenvolumen und Datendichte (*Sparsity*).

Abhängigkeit zwischen Basisdatenvolumen und Besetzungsdichte des Würfels (*Sparsity*)

Eine Technologieauswahl muss daher immer das Mengengerüst des zu realisierenden Datenmodells berücksichtigen. Es gilt der Zusammenhang der Abb. 4.8-3 zwischen Volumen der Detaildaten und *Sparsity*.

Die deutsche Entsprechung »Besetzungsdichte« zum Begriff *Sparsity* verhält sich umgekehrt proportional: Eine hohe Dichte bedeutet eine niedrige *Sparsity* und umgekehrt.

Abb. 4.8-3 zeigt den Vergleich verschiedener Speichertechnologien bezogen auf die Parameter Besetzungsdichte und Volumen der Basisdaten. Während bei geringen Datenmengen die direkte Verarbeitung im Hauptptspeicher (RAM) die höchste Effizienz erzielt, eignet sich die OLAP-Techniken für große Datenmengen. Bei einer dünnen Besetzung des multidimensionalen Datenraums, bietet sich aufgrund der daraus resultierenden »kleinen« Faktentabelle, das relationale OLAP (ROLAP) als effiziente Speichertechnik an. Bei einer dichten Besetzung ist hingegen eine multidimensionale Speicherung in Form von multidimensionalem OLAP (MOLAP) zu bevorzugen.

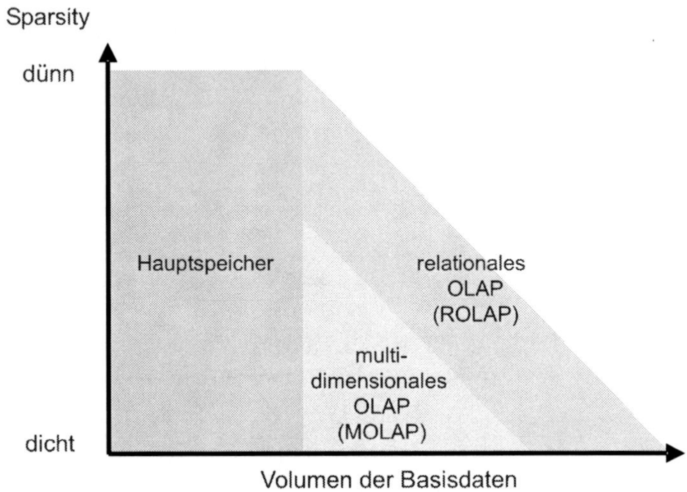

Abb. 4.8-3: Multidimensionale Speichertechniken.

Beispiel

Geht man von einem Datenmodell aus, welches sich aus zwei Dimensionen mit jeweils drei Klassifikationsstufen zusammensetzt (Abb. 4.8-4).

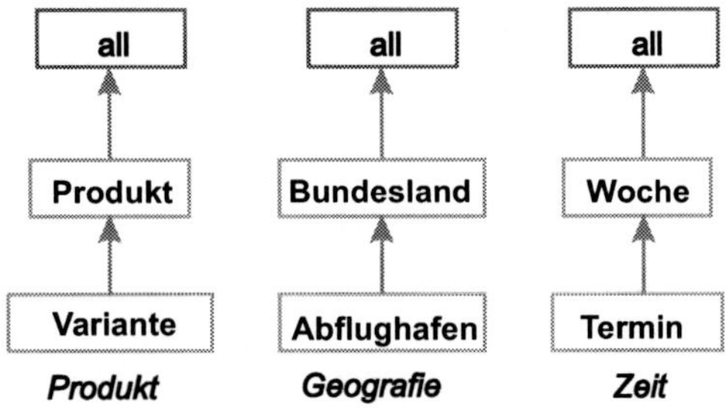

Abb. 4.8-4: Klassifikationsstufen der 2D und 3D Beispiele.

Berechnung von Aggregationsvolumina

In diesem Fall besteht die Dimension »Produkt« (abgekürzt mit »P«) aus den Klassifikationsstufen »Produktvariante« (kurz »Variante«), »Produkt« und »all«. Die Kennzahl, z. B. »Menge Buchungen«, der Stufe »Produkt« ergibt sich aus der Aggregation der zugehörigen Werte auf der Stufe »Produktvariante«. Die Zugehörigkeit ist in der Abb. 4.8-5 durch eine Zusammenfassung von jeweils fünf Variantenwerten durch eine fette schwarze Linie gekennzeichnet.

Die zweite Dimension »Geografie« (abgekürzt »G«) besteht aus den Klassifikationsstufen »Abflughafen«, »Bundesland« und »all« (Abb. 4.8-5).

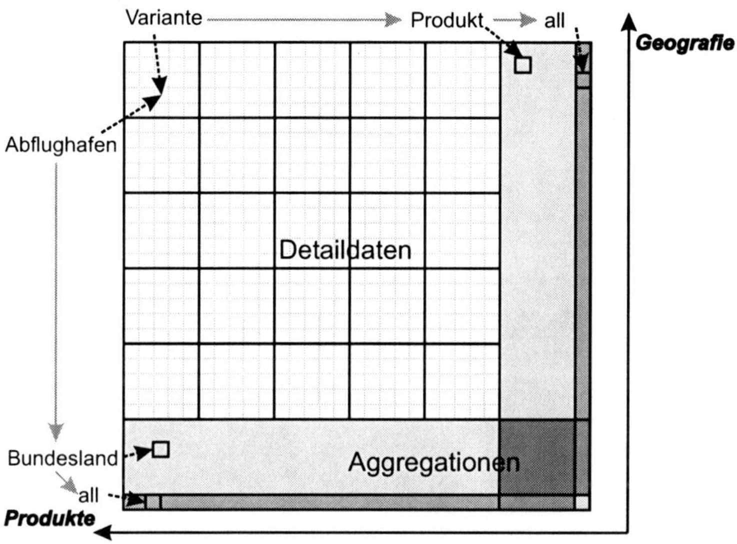

Abb. 4.8-5: Hierarchische Dimension und Aggregation.

Durch die Hinzunahme aggregierter Werte aufgrund der hierarchischen Dimensionen wird das anschauliche Paradigma des einfachen Würfels verlassen, und es erfolgt die weitere Betrachtung auf Basis der Notation der Granularitäten. Durch die Klassifikationsstufen existieren mehrere Pfade zu Aggregation. Somit ergeben sich für den zweidimensionalen Fall folgende mögliche Granularitäten *s* und mögliche Anzahl von Werten im Fall einer hundertprozentigen Datenbesetzung (Tab. 4.8-1).

Granularität	Farbe in der Abb.	Berechnung	Anzahl der Werte
»Detaildaten«			
s = (P.Variante,G.Abflughafen)	weiß	5x5x5x5	**625**
»Aggregierte Daten«			
s = (P.Produkt,G.Abflughafen)	grün	5x5x5	125
s = (P.Variante, G.Bundesland)	grün	5x5x5	125
s = (P.Produkt, G.all)	orange	5	5
s = (P.all,G.Abflughafen)	blau	5x5	25
s = (P.Variante,G.all)	blau	5x5	25
s = (P.all,G.Bundesland)	orange	5	5
s = (P.Produkt,G.Bundesland)	rot	5x5	25
s = (P.all,G.all)	gelb	1	1
Summe			**316**

Tab. 4.8-1: Besetzung nach Granularitäten.

Es stellt sich die Frage, wie das Verhältnis zwischen Detaildaten und aggregierten Daten sich bei höherer Dimensionalität entwickelt. Dazu wird hier die Dimension »Zeit« (abgekürzt mit »Z«) unter der Annahme eingeführt, dass diese ebenfalls hierarchisch in die drei Stufen »Abflugtermin« (kurz »Termin«), »Woche« und »all« untergliedert ist, wobei die ersten beiden Stufen je fünf Ausprägungen pro Stufe enthalten. D.h. es wird an fünf Terminen pro Woche geflogen und (der Einfachheit des Beispiels wegen) nur an fünf Wochen (Tab. 4.8-2).

Granularität	Berechnung	Anzahl der Werte
»Detaildaten«		
s=(P.Variante,G.Abflughafen, Z.Termin)	5x5x5x5x5 x5	**15625**
»Aggregierte Daten«		
s = (P.Produkt,G.Abflughafen, Z.Termin)	5x5x5x5x5	3125

Granularität	Berechnung	Anzahl der Werte
s = (P.Variante, G.Bundesland, Z.Termin)	5x5x5x5x5	3125
s = (P.Produkt,G.Bundesland, Z.Termin)	5x5x5x5	625
s = (P.all,G.Abflughafen, Z.Termin)	5x5x5x5	625
s = (P.Variante,G.all, Z.Termin)	5x5x5x5	625
s = (P.all,G.Bundesland, Z.Termin)	5x5x5	125
s = (P.Produkt,G.all, Z.Termin)	5x5x5	125
s = (P.all,G.all, Z.Termin)	5x5	25
s = (P.Variante,G.Abflughafen, Z.Woche)	5x5x5x5x5	3125
s = (P.Variante,G.Abflughafen, Z.all)	5x5x5x5	625
s = (P.Produkt,G.Abflughafen, Z.Woche)	5x5x5x5	625
s = (P.Variante,G.Bundesland, Z.Woche)	5x5x5x5	625
s = (P.Produkt,G.Bundesland, Z.Woche)	5x5x5	125
s = (P.all, G.Abflughafen,Z.Woche)	5x5x5	125
s = (P.Variante,G.all,Z.Woche)	5x5x5	125
s = (P.all,G.Bundesland,Z.Woche)	5x5	25
s = (P.Produkt,G.all,Z.Woche)	5x5	25
s = (P.all,G.all,Z.Woche)	5	5
s = (P.Produkt,G.Abflughafen, Z.all)	5x5x5	125
s = (P.Variante,G.Bundesland, Z.all)	5x5x5	125
s = (P.Produkt,G.Bundesland, Z.all)	5x5	25
s = (P.all, G.Abflughafen,Z.all)	5	5
s = (P.Variante,G.all,Z.all)	5	5

Granularität	Berechnung	Anzahl der Werte
s = (P.all,G.Bundesland,Z.all)	5	5
s = (P.Produkt,G.all,Z.all)	5	5
s = (P.all,G.all,Z.all)	1	1
Summe		**14166**

Tab. 4.8-2: Besetzung nach Granularitäten.

Compound Growth Factor

Bildet man das Verhältnis der Anzahl der Werte der detaillierten zu den aggregierten Daten, so erhalten Sie im zweidimensionalen Fall 625/336 = 1.86 und im dreidimensionalen Fall 15625/14166 = 1.10. Zwischen diesen Verhältnissen besteht ein Wachstum von 69 % (= Faktor 1.69). Dieses drückt aus, dass die Menge der aggregierten Daten um dieses Verhältnis stärker zunimmt, wenn sich die Dimensionalität um eins erhöht. Der Faktor wird ***Compound Growth Factor*** (CGF) genannt (nach [Pend02]). Dieser Sachverhalt des überproportionalen Wachstums spielt bei der Optimierung von multidimensionalen Datenmodellen eine große Rolle. Um die Antwortzeiten auf analytische Anfragen zu verkürzen, bedienen sich die Systeme der Vorkalkulation aggregierter Werte. Da die Anzahl der Leseoperationen die der Schreiboperationen bei weitem übersteigt, sind Neuberechnungen der aggregierten Werte nur selten notwendig. Wie oben berechnet, nimmt das Datenvolumen der aggregierten Werte mit steigender Dimensionalität im Verhältnis zu den detaillierten Basisdaten sehr stark zu, sodass zum einen die Vorberechnung aufwändiger wird, zum anderen das Datenvolumen stark zunimmt.

Das Verhältnis von detaillierten Basisdaten zu den aggregierten Daten nimmt im Fall geringerer Besetzung weiter ab, wie Sie an dem steigenden **CGF** ablesen können. Relationale DBMS (ROLAP) eignen sich für Datenmodelle mit geringer Besetzung, wie oben abgeleitet wurde. Liegen allerdings viele hierarchische Dimensionen vor, die eine Materialisierung der aggregierten Daten erfordern, nimmt das Datenvolumen der Faktentabelle überproportional zu. Als ein Beispiel hierfür lässt sich das *Data Warehouse* der SAP heranziehen, bei dem sich in der Version 3.0 die Faktentabelle im Fall hierarchischer Dimensionen stark vergrößert [Enge03]. Multidimensionale DBMS (MOLAP) speichern die materialisierten Aggregate in einem getrennten Adressbereich, der durch effiziente Zugriffsalgorithmen und Ausnutzung der physischen Speicherstruktur eine effiziente Verwaltung erlaubt.

hybrides OLAP

Hybrides OLAP verbindet die Vorteile der beiden Speichertechniken MOLAP und ROLAP in einer Datenbank-Engine. Die Auswahl, welches Speichermodell tatsächlich anzuwenden ist, wird bei der Entwicklung des Datenmodells festgelegt. Abb. 4.8-6 zeigt die verschiedenen Speicheroptionen, die beim Einsatz des Microsoft SQL-Servers® zur Verfügung stehen. Eine solche nahtlose Integration bieten nur sehr wenige Hersteller multidimensionaler Datenbanksysteme an.

4.9 Datenbereinigung ***

»Garbage-in, garbage-out«. Diese Erkenntnis gilt insbesondere beim Aufbau von *Business Intelligence*-Systemen. Einfache statistische Techniken stellen häufig bereits sicher, dass der Anwender korrekte Informationen erhält.

Ein allgemeines Problem im Bereich der *Data Warehouses* bildet die Überprüfung der Korrektheit der Daten [Kimb00]. Dabei stellen sich folgende Fragen: Ist das *Data Warehouse* ein genaues Abbild der Geschäftsprozesse? War die Aktualisierung der Daten heute morgen vollständig? Sind einige Kennzahlen inkonsistent?

Es gibt nicht *die* Technik für die Validierung eines Datenbestandes, da Datenquellen durch eine Vielzahl von Variablen charakterisiert sind. Wenn ein unveränderter Abzug von Daten aus den operativen Vorsystemen geladen wird (unter Beibehaltung der ursprünglichen Granularität), kann ein aktueller Bericht über den beobachteten Geschäftsprozess mit zeitnahen Gesamtmengen generiert und in das *Data Warehouse* überführt werden. In diesem Fall ist die Antwort bekannt, bevor der Report generiert wird und die beiden Resultate sollten identische Werte aufweisen.

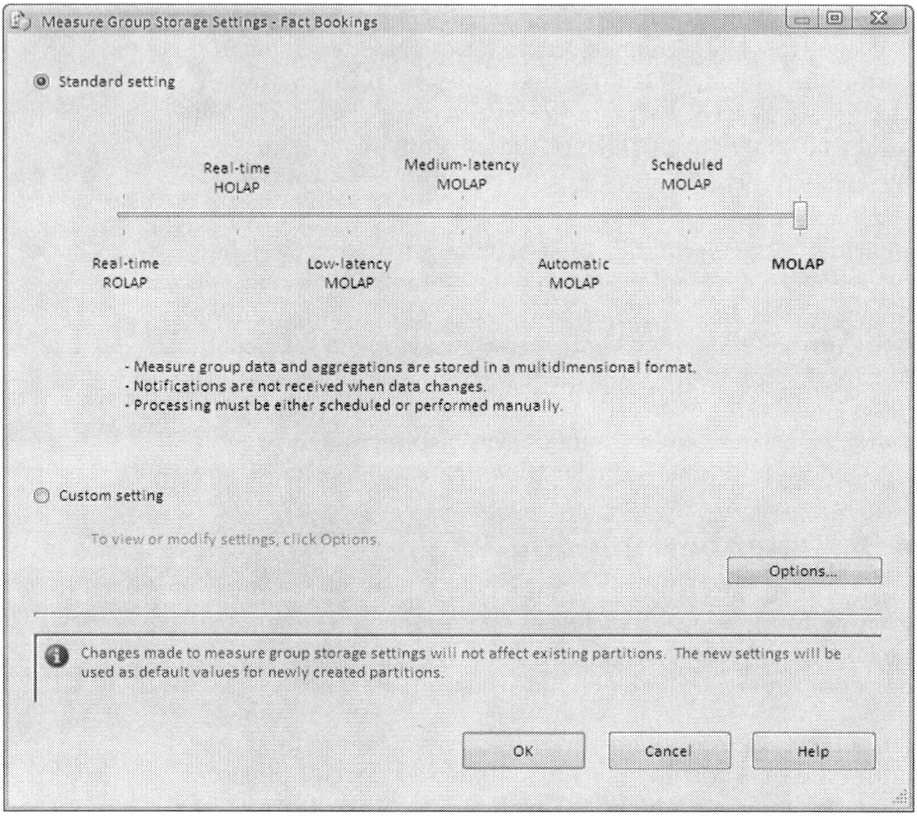

Abb. 4.8-6: Auswahl des internen Speichermodells des SQL-Servers®.

Aber häufig liegt eine solche bekannte Gemeinsamkeit zwischen den Daten nicht vor:

Beispiel

Betrachtet man die Situation eines Managers im Vertrieb einer Reisebürokette. Der Manager empfängt einzelne Verkauftransaktionen aus 600 Filialen jede Nacht. Er kann dabei die einzelnen berichtenden Filialen durchzählen, um sicherzustellen, dass er alle Filialen berücksichtigt. Der Manager kann aber nicht direkt die Korrektheit der übertragenen Zahlenwerte für die Verkaufstransaktionen überprüfen.

In unserem Beispiel der 600 Filialen besteht nun die Möglichkeit, folgendes Vorgehen anzuwenden: Dabei betrachtet man die Summe der Verkaufstransaktionen für jede Abteilung innerhalb einer jeden Filiale an jedem Morgen und vergleichen diese mit den Verkaufstransaktionen des heutigen Tages. Wenn die Gesamtsumme der aktuellen Verkaufstransaktionen im Bereich von drei Standardabweichungen um den Mittelwert der Verkaufszahlen der Vortage liegt, klassifiziert man diese als plausibel.

Ein Ansatz besteht in der Berechnung von Standardabweichungen. Man berechnet dazu die dreifache Standardabweichung, da in einer Normalverteilung 99 Prozent der Werte innerhalb dieser dreifachen Standardabweichung oberhalb bzw. unterhalb des Mittelwertes liegen. Sollten in diesem Fall alle Daten korrekt sein, liegt immer noch ein Prozent außerhalb dieser Grenzen. Diese Restmenge der Ausreißer unterzieht man einer Plausibilitätsprüfung.

Zunächst folgt die Beschreibung des Prozesses der Datenprüfung basierend auf der oben geschilderten Methode in einfachen Worten. Dieses Vorgehen wird dann in eine Folge von SQL Ausdrücken übersetzt.

Um den Prüfungsprozess effizient ablaufen zu lassen, soll vermieden werden, dass auf den gesamten historischen Datenbestand zugegriffen werden muss, um die Standardabweichung zu berechnen. Stattdessen hält man drei kummulierte Werte für jede Abteilung in jeder Filiale fest und speichern diese in einer separaten Tabelle, die nur zur Datenbereinigung eingesetzt wird:

- die Anzahl der Tage, die kummuliert worden sind
- die kummulierte Summe der täglichen Transaktionen pro Abteilung pro Filiale
- die kummulierte Summe des Quadrats (SQUARE) der täglichen Transaktionen ebenfalls pro Abteilung pro Filiale

Diese Werte werden in einer separaten Abteilungstabelle festgehalten (siehe Tab. 4.9-1).

Die Felder dieser Tabelle sind gegeben durch die Abteilungen pro Reisebürofiliale und die numerischen drei Felder N (Anzahl der Tage), SUM_SALES und SUM_SQUARE_SALES. Sie bilden alle Attribute, die jeden Tag überschrieben werden. Alle drei numerischen Felder erfahren eine Aktualisierung durch Addition des aktuellen Wertes zu den bereits kummuliert gespeicherten Werten. Im Falle von 600 Filialen und 20 Abteilungen in jeder Filiale hat diese Tabelle 12.000 Zeilen bei konstanter Größe. Die Tabelle enthält ferner die Filialnamen und die Abteilungsbezeichnungen in jeder Tabellenzeile.

a:	**STORE-NAME**	**DEPARTMENT-NAME**	**N DAYS**	**SUM_SALES**	**SUM_SQUARE_SALES**
	dortmund	citytravel	401	3.096.325	3,2481 E 10
	trondheim	leisuretravel	401	2.397.954	1,434 E 10
	dortmund	businesstravel	401	3.398.632	2,8805 E 10
	:	:	:	:	:
	paris	leisuretravel	401	5.937.369	8.7911 E 10

Tab. 4.9-1: Bereinigungstabelle.

Bei jeder Datenübernahme in das *Data Warehouse* betrachten Sie die Gesamtmenge der Transaktionen in der kummulierten Abteilungstabelle bezüglich aller 12.000 Abteilungen und vergleichen diese mit den Zahlen des aktuellen Tages. Alle Werte, die außerhalb von drei Standardabweichungen bezüglich des Mittelwertes liegen, werden als Ausreißer markiert. Übersteigt die Zahl der Ausreißer eine vorgegebene Schwelle, so wird die Datenübernahme in das *Data Warehouse* nicht durchgeführt. Andernfalls findet eine Datenübernahme statt, und das *Data Warehouse* leitet die Daten an die Anwender weiter.

Zur Erinnerung: Die Standardabweichung ist die Quadratwurzel der Varianz. Die Varianz ist definiert durch die Summe der Quadrate der Differenzen zwischen jedem historischen Datenwert und dem Mittelwert aller Datenwerte geteilt durch `N-1`, wobei `N` die Anzahl der Tage angibt.

Normalerweise ist zur Berechnung der Varianz die Betrachtung der gesamten Verkaufshistorie erforderlich. Da allerdings die drei kummulierten Größen `SUM_SALES` und `SUM_SQUARE_SALES` gebildet worden sind, lässt sich die Varianz ermitteln durch

VAR=`(1/N-1)*SUM_SQUARE_SALES -(1/N)*SUM_SALES*SUM_SALES`

gemäß des Verschiebungssatzes der Varianz.

i	1	2	3
X(i)	−1	1	2
f(X(i))	0,5	0,3	0,2

Tab. 4.9-2: Exkurs Varianz.

Die Varianz berechnet sich für die Beispielwerte in Tab. 4.9-2 dann als

$$V(X) = (-1-0,2)^2 \cdot 0,5 + (1-0,2)^2 \cdot 0,3 + (2-0,2)^2 \cdot 0,2 = 1,56$$

wobei der Erwartungswert

$$E(X) = -1 \cdot 0,5 + 1 \cdot 0,3 + 2 \cdot 0,2 = 0,2$$

beträgt. Mit dem Verschiebungssatz erhält man entsprechend

$$V(X) = (-1)^2 \cdot 0,5 + 1^2 \cdot 0,3 + 2^2 \cdot 0,2 - 0,2^2 = 1,56$$

In dem beschriebenen Beispiel benötigt man ferner eine Faktentabelle, die die Kennzahlen der einzelnen Filialen aufnimmt, siehe Tab. 4.9-3.

f:	STOREKEY	PRODUCTKEY	TIMEKEY	SALES
	1	2	13–12–2006	7.234
	3	6	13–12–2006	9.431
	:	:	:	:
	5	1	13–12–2006	3.328

Tab. 4.9-3: Faktentabelle.

Zur Faktentabelle gehören die Dimensionstabellen s: für die Filialen, p: für die Produkte, t: für die Zeit. Beispielhaft ist die Filialtabelle (Tab. 4.9-4) gezeigt.

Die Varianzformel erhält die Abkürzung VAR, dann ergibt sich zur Überprüfung der Korrektheit der aktuellen Daten folgendes Codefragment:

```
SELECT s.storename, p.departmentname, sum(f.sales)
FROM fact f, store s, product p, time t, accumulatingdept a
WHERE
```

s:	STOREKEY	STORENAME
	1	trondheim
	3	dortmund
	:	:
	5	paris

Tab. 4.9-4: Filialtabelle.

Bilden von `JOINS` zwischen den Tabellen:

```
f.storekey = s.storekey and
f.productkey = p.productkey and
f.timekey = t.timekey and
s.storename = a.storename and
p.departmentname = a.departmentname and
```

Einschränken der Zeit auf den heutigen Tag:

```
t.full_date = #Dezember 13, 2006#
```

Einbinden der Standardabweichung:

```
HAVING ABS(sum(f.sales)-(1/a.N)*a.SUM_SALES) > 3*SQRT(a.VAR)
```

Durch Ersetzung von `VAR` wie in der Varianzdefinition beschrieben und durch Verwendung des `a.` Präfix für `N`, `SUM_SALES` und `SUM_SQUARE_SALES` wird die Verknüpfung zur Varianzdefinition hergestellt. Voraussetzung hierfür ist, dass Abteilungen Gruppierungen der Produkte darstellen und folglich als Rollup in der Produktdimension entstehen.

Dieses einfache Verfahren lässt sich durch Einfügen zweier weiterer Datenbank-Anfragen variieren:

Eine Anfrage für die Verkaufstransaktionen, die mehr als drei Standardabweichungen über dem Mittel liegen und eine andere für Verkaufstransaktionen, die weniger als drei Standardabweichungen unterhalb des Mittels liegen. In diesem Ansatz wird die Berechnung der `ABS` Funktion in der `HAVING` Klausel obsolet.

Wenn signifikante tägliche Fluktuationen in den Verkaufstransaktionen auftreten (z. B. beim Vergleich von Montag oder Dienstag mit schwachem Buchungsvolumen und Samstag mit starkem Abverkauf), führt das beschriebene Verfahren dazu, dass ein Samstag (z. B. in der Weihnachtszeit) als Ausreißer selektiert wird. Eine Ergänzung der Tabellen um das Feld DAY-OF-WEEK, verbunden mit einer Einschränkung auf den Wochentag in der Selektion, erlaubt den Vergleich von Wochentagen mit ähnlicher Nachfrage. Durch dieses Vorgehen vergrößern sich die Tabellen zwar um den Faktor sieben, jedoch wird die Ausreißerselektion hierdurch nachhaltig verbessert. Allerdings kann dieses Verfahren nur für einfach strukturierte Nachfrageschwankungen angewendet werden, bei denen der Zusammenhang zwischen einzelnen Tagen offensichtlich ist.

gedächtnislose Bereinigung

Es gibt einige spezielle Situationen, in denen der Mittelwert und die Standardabweichung der einlaufenden Daten errechnet werden können, selbst wenn keine Historie gespeichert oder kumuliert worden ist.

Beispiel

Nimmt man an, dass die Daten von einzelnen Kunden im Alter zwischen 40 bis 49 Jahre erhoben werden. Wenn die Daten keinen Bias bezüglich des Geschlechts beinhalten, kann das Verhältnis der Männer in einer ausreichend großen Stichprobe (z. B. 47/100) und das Verhältnis der Frauen innerhalb der Stichprobe (z. B. 53/100) als statistische Ausgangsbasis herangezogen werden. Ein Statistiker würde sagen, dass die Daten eine Menge von Bernoulli Versuchen darstellen und die resultierenden Daten sollten eine binomiale Verteilung ergeben. Daraus folgt, dass wenn 1.000 Antwortende erfasst wurden, der Erwartungswert für Männer sich zu N*P ergibt, wobei N = 1.000 und P=47/100 ist. Dies führt zu 470 Männern in der Stichprobe, was intuitiv plausibel erscheint. Die Berechnung der Varianz ergibt

N*P*(1-P)

also 1.000*0.47*0.53 = 249.1

Die Standardabweichung ist die Quadratwurzel der Abweichung, also in diesem Fall 15.78.

Bei Anwendung des Kriteriums der drei Standardabweichungen markiert man jeden Wert, der den Mittelwert um mehr als drei Standardabweichungen überschreitet. Das heißt, wenn die Zahl der Männer, die in einer Stichprobe von 1.000 enthalten sind, kleiner als 470–3*15.78=422.6

oder größer als 470+3*15.78=517.3 ist, müssen diese Werte genauer überprüft werden.

Voraussetzung für dieses Vorgehen ist, dass die Werte mit konstanter Wahrscheinlichkeit auftreten. Beispiele für konstante Wahrscheinlichkeiten sind z. B. Ausschussquoten bei Herstellungsverfahren wie der Waferherstellung bei der Chipproduktion oder der Papierproduktion.

Kompensation vorhersagbarer Fluktuationen

Viele der Kennzahlen (Fakten), die in einem *Data Warehouse* gespeichert werden, stammen von Absatzmärkten, auf denen vorhersagbare Saisonfluktuationen herrschen. Die Feiertagjahreszeit und der Sommer bilden im Tourismus vorhersagbare und nachfragestarke Perioden. Durch Entfernen dieser Saisonalität als Quelle der Abweichung können die in das *Data Warehouse* einlaufenden Daten auf ihre Korrektheit überprüft werden.

Die Ursachen dieser Fluktuationen in den Daten können eliminiert werden. Dazu bedarf es allerdings leistungsfähiger statistischer Werkzeuge. Eine Vorwärtsprojektion der historischen Daten auf die Gegenwart und Zukunft und der Vergleich mit den vorliegenden Daten erlaubt eine Überprüfung der Plausibilität der Datenwerte.

Ein Verfahren zur Saisonbereinigung bildet z. B. X-11-ARIMA, um Fluktuationen aus Zeitreihen zu entfernen. ARIMA ist ein Akronym, das für autoregressiven integrierten gleitenden Mittelwert steht. Der Algorithmus X-11 nimmt die vorhandenen Daten und bildet daraus eine Vorwärtsprojektion.

Der X-11-Algorithmus, den Statistiker in seinen verschiedenen Formen für mehr als 30 Jahre verwendet haben, ist vor kurzem von X-12-ARIMA ersetzt worden, der mehr Flexibilität für den Umgang mit konstanten (nonseasonal) Trends und Kurzzeiteffekten bietet. Die bekannten Anbieter von Statistiksoftware, wie SAS, SPSS, SYSTAT und andere, haben X-12-Module integriert, um unplausible Datenwerte zu filtern. Eine solche Saisonbereinigung bleibt allerdings auf lineare Beziehungen limitiert. Auch die verbreiteten *Extract-Transform-Load* (ETL) Anbieter bieten diese Funktionen in ihren Softwarepaketen an.

4.10 Extrahieren, Transformieren und Laden *

Daten durchlaufen innerhalb der *Information Supply Chain* mehrere Datenbanksysteme. Bei der Zusammenführung der Daten im *Data Warehouse* erfahren die Daten in einem Extraktions-, Transformations- und Ladeprozess eine Konsolidierung. Werkzeuge unterstützen die Definition von Steuerungs- und Datenflussprozessketten.

Im Kapitel »Datenbereinigung«, S. 161, wurde die periodische Überprüfung der operativen Rohdaten auf Plausibilität und Konsistenz im Tagesbetrieb beschrieben. In der Praxis müssen eine Vielzahl von Datenquellen mit ihren verschiedenen Formaten integriert werden. Um effizienten Aufbau und Durchführung der Integrationsprozesse zu gewährleisten, wird die Aufbereitung durch ETL-Systeme automatisiert. **ETL-Systeme** stellen zunächst Verbindungen zu verschiedenen Quelldatenbanken her, die neben dem standardisierten Zugriff über z. B. ODBC oder JDBC einen nativen Zugriff zur Extraktion der operativen Daten ermöglichen. Der eigentliche Transformationsprozess unterteilt sich in einen Kontrollfluss und einen Datenfluss. Beim ETL-System Microsoft Integration Service ist jedem Kontrollflussknoten ein eigener Datenfluss zugeordnet. Betrachtet man das Einlesen einer Textdatei, die reale touristische soziodemografische Daten enthält, in eine Datenbank. Abb. 4.10-1 zeigt einen Kontrollfluss, der zunächst die Werte der Zieldatenbank löscht und anschliessend den eigentlichen ETL-Prozess durchführt.

Das linke Teilfenster zeigt die verschiedenen Arten von Kontrollflussknoten, die zur Prozessbeschreibung herangezogen werden können. Im Teilfenster »Connection Managers« unterhalb des Kontrollfensters erkennt man die Verbindungen, die zu den verschiedenen Quell- und Zieldatenbanken hergestellt sind. Betrachtet man den Datenfluss des Kontrollflussknotens »ETL«, so erhält man das Fenster in Abb. 4.10-2.

Im linken Teilfenster *»Toolbox«* sieht man nun die möglichen Transformationsarten, die in einem Datenflussknoten durchgeführt werden können. Zu Beginn sind im Datenfluss-

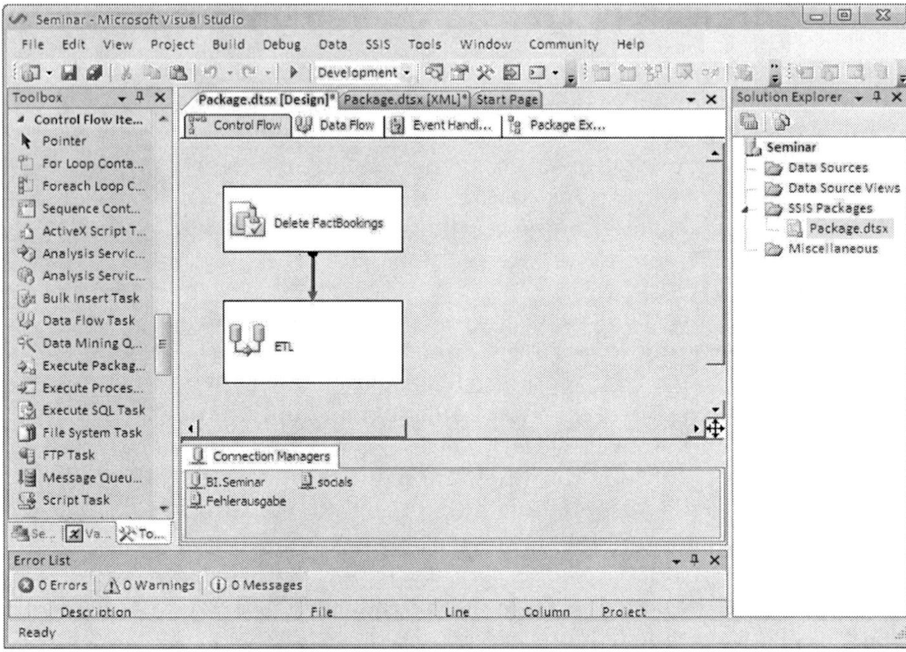

Abb. 4.10-1: Kontrollfluss der Integration Services.

knoten »Extract Socials« aus einer Textdatei *(flat file)* soziodemografische Daten zu laden. Treten hierbei Fehler auf, so erfolgt eine Protokollierung in der »Fehlerausgabe«. Anschließend werden Dubletteneinträge im Datenflussknoten »Doppelte Zeilen löschen« entfernt. Danach ersetzt man fehlerhafte Einträge in dem Feld »Saison«, die zwar den Wert »S« für Sommersaison repräsentieren, aber denen ein unsichtbares **ASCII**-Zeichen vorausgeht. Im Anschluss erfolgt eine Filterung der Datensätze der Altersgruppe »0–13«, die über ein Einkommen von mehr als 750 EUR verfügen. Es wird vermutet, dass es sich bei diesem Betrag um das Einkommen der Eltern handelt und ersetzen es durch 0 EUR. Der Datenfluss setzt sich in Abb. 4.10-3 fort.

Zunächst lässt sich die korrigierte Altersgruppe wieder zu den Originaldaten hinzufügen. Dann werden die Saisoneinträge mit einer numerischen Saison-Stammdatentabelle verbunden, um die Textbeschreibungen durch Jahreswerte zu

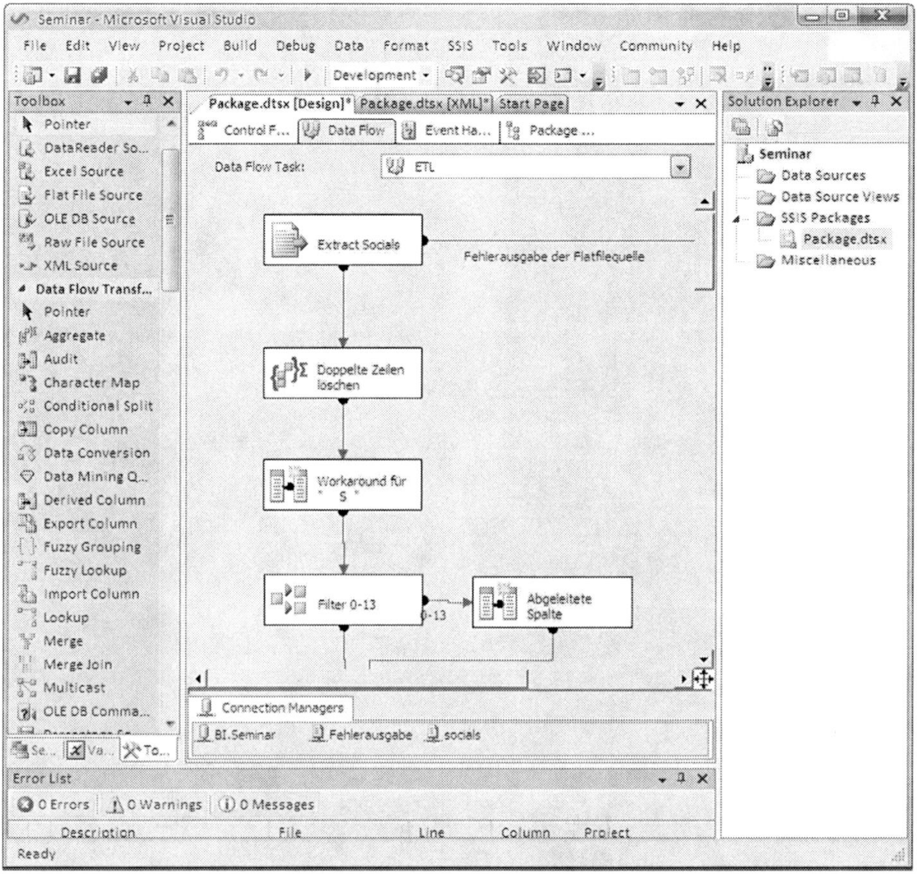

Abb. 4.10-2: Datenfluss der Integration Services.

ersetzen. Die Einfärbung des Kontroll- und Datenflusses zeigt während des Durchlaufs an, wie weit die Abarbeitung fortgeschritten ist gemessen in bearbeiteten Datensätzen. Ebenso erhält der Benutzer eine Angabe über die Anzahl der erfolgreich verarbeiteten Datensätze an jedem Knoten.

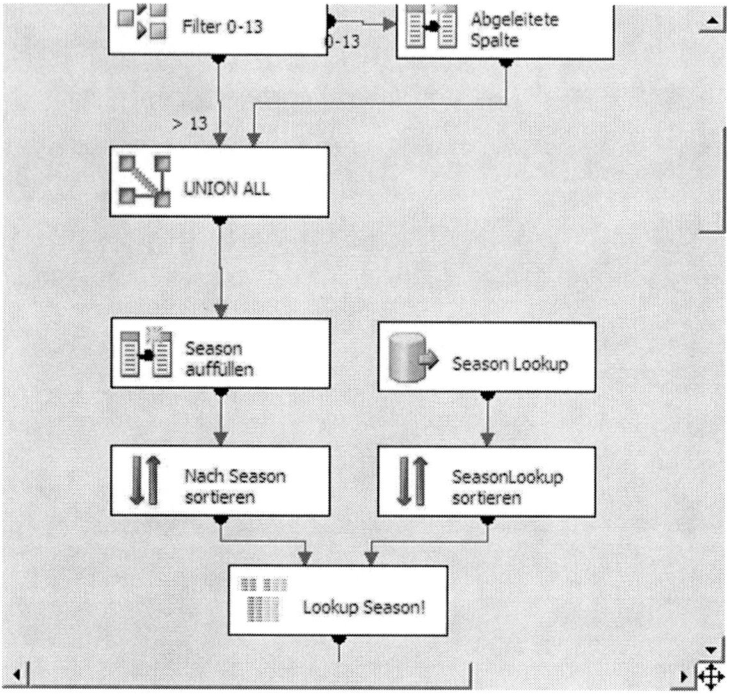

Abb. 4.10-3: Teilausschnitt des Datenflusses der Integration Services.

4.11 Entwicklung Analytischer Anwendungen **

Zum Aufbau analytischer Anwendungen sind mehrere Teilschritte zu durchlaufen. Dazu gehören der ETL-Prozess, der Aufbau des multidimensionalen Datenmodells in Form eines Würfels, die Definition der Kennzahlen und die Formatierung der Berichte. Je nach Anwendungsfokus kann ebenfalls Aufbereitung der Daten über *Data Mining*-Verfahren erfolgen.

Analysis Services®

Bei der Entwicklung Analytischer Anwendungen werden die Stufen der *Information Supply Chain* realisiert. Dabei sind in der Regel die operativen Vorsysteme bereits vorhanden. Aus diesen Vorsystemen extrahiert man die zur Analyse notwendigen Daten in das *Data Warehouse* mit Hilfe eines ETL-Prozesses (siehe »Extrahieren, Transformieren und Laden«,

S. 169). Anschließend werden die Dimensionen des multidimensionalen Datenwürfels festgelegt (siehe »Data Warehouse«, S. 127, und »Grundbegriffe des multidimensionalen Datenmodells«, S. 129). Einige Dimensionen enthalten Hierarchien, die ebenfalls entsprechend aufgebaut werden (siehe »Hierarchien«, S. 135). Nachfolgend ist das Ergebnis des Aufbaus einer analytischen Datenbank unter Verwendung der Analysis Services in der Entwicklungsumgebung Business Intelligence Development Studio® gezeigt (Abb. 4.11-1).

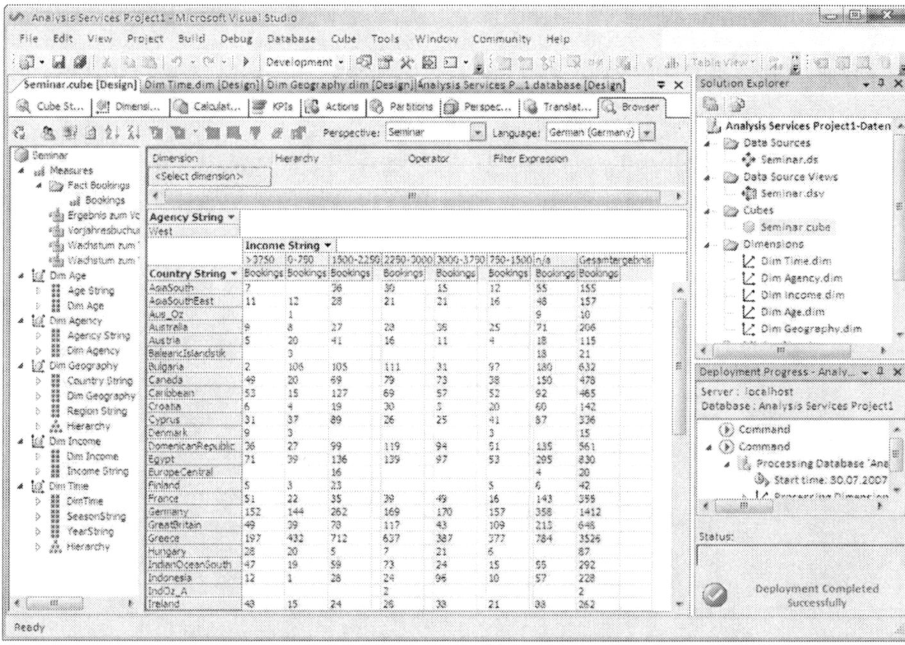

Abb. 4.11-1: Entwicklungsumgebung der Analysis Services®.

Im linken Teilfenster sieht man die Würfelstruktur, die mit den Kennzahlen (*»Measures«*) beginnt und darunter die einzelnen Dimensionen auflistet: »Dim Age«, »Dim Agency«, »Dim Geography«, »Dim Income« und »Dim Time«. Bei den Dimensionen »Dim Geography« und »Dim Time« erkennt man, dass dort ein Eintrag *»Hierarchy«* zu finden ist, der die Struktur der **Hierarchie** der jeweiligen Dimension beinhaltet. Im mittleren Teilfenster ist in der *»Browser-Tab«*-Ansicht eine Pivottabelle dargestellt, die einen Teil der aktuellen Werte aus dem multidimensionalen Würfel abbildet. In dieser konkreten Ausprägung sieht man für die Reisebüros der Vertriebsregion »West« die Buchungen der Einkommensklassen (in den Spalten) über die Länder bzw. Ländergruppen (in den Zeilen). Der Inhalt und die Metadaten eines so definierten **Würfels** können direkt in Excel als Pivottabelle übernommen werden.

Weitere wichtige *»Browser-Tab«*-Ansichten bilden die *»Calculations«* und die »KPIs«. Abb. 4.11-2 zeigt die Definition einer Kennzahl »Wachstum zum Vorjahr«. Das »Status« Feld zeigt an, dass ein *»Gauge«*-Symbol, also ein Messgerät, zur Darstellung als Verkehrsampel benutzt werden soll, vgl. »Performance Management«, S. 23. Der Ausdruck im »Status expression«-Eingabefeld berechnet einen Wert zwischen Null und Eins, der die Stellung der Messnadel des Messgerätes im späteren Bericht bestimmt. Komplexe Berechnungen in Form von Formeln über Kennzahlen erfolgen in der *»Calculations«-Ansicht,* wobei dort direkte multidimensionale Datenbankausdrücke in MDX angegeben werden. MDX bildet eine Spracherweiterung zu SQL, um multidimensionale Datenstrukturen ansprechen zu können. Grundlegende Berechnungen, wie sie zum Aufbau von Kennzahlenbäumen erforderlich sind (vgl. »Kennzahlensysteme«, S. 12), sind teilweise bereits in Templates vordefiniert.

Um die Interaktivität bei der Analyse zu gewährleisten, ist es notwendig, dass bei größeren Datenbeständen eine Betrachtung der Mengengerüste der Daten erfolgt, siehe »Mengengerüste multidimensionaler Datenmodelle«, S. 154.

Liegt der Datenbestand in einer multidimensionalen Datenbank vor, so kann nun mit dem Aufbau eines analytischen Berichts begonnen werden. Hier ist die Entscheidung zu treffen, ob der Bericht webgestützt oder per Excel betrachtet werden soll, siehe »Berichte«, S. 58. Bei der Verwendung von Excel als analytisches Frontend wird von Excel direkt eine Verbindung auf die multidimensionale Datenbank hergestellt. Sowohl Würfel als auch berechnete Kennzahlen können als Pivottabelle benutzt werden.

Für eine Verbreitung der Daten über eine webbasierte Schnittstelle ist der Umweg über einen Webserver notwen-

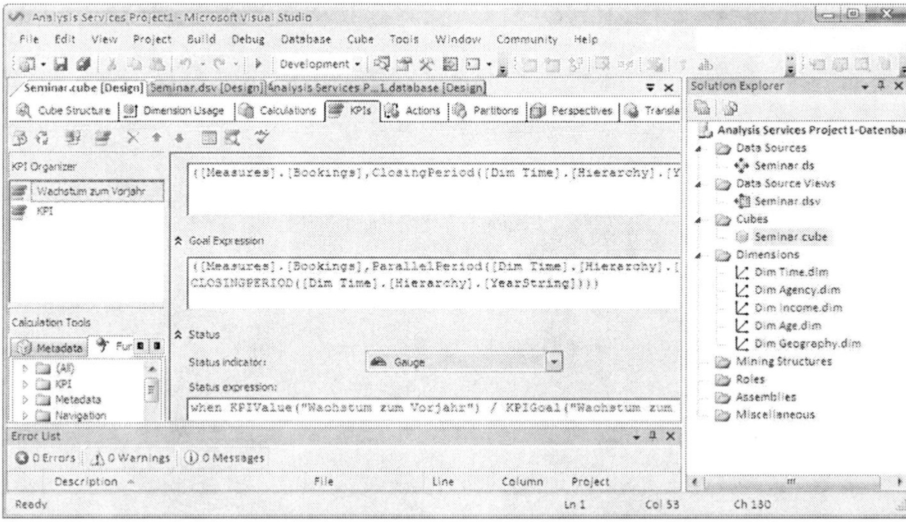

Abb. 4.11-2: Definition der Kennzahlen.

dig. Um dem Webserver vorbereitete Berichte liefern zu können, bedarf es einer webgerechten Aufbereitung. Dabei ist neben der Auswahl der darzustellenden Kennzahlen und Dimensionen das Layout des Berichtes zu entwerfen. Dies geschieht durch die Reporting Services® in einem eigenen Werkzeug innerhalb des Business Intelligence Development Studios® in Abb. 4.11-3.

Im linken Teilfenster sieht man die einzelnen grafischen Elemente, die zum Entwurf des Berichts eingesetzt werden können und wie sie aus anderen Microsoft-Programmen bekannt sind. Dazu zählen die Textbox, die Linie, die Tabelle, die Berichtsmatrix selbst, das Rechteck, die Liste, das Bild, der Unterbericht und das Chart. Diese Elemente können im mittleren Fenster zur Layoutgestaltung frei positioniert werden. Das Ergebnis lässt sich unter dem *»Preview-Tab«* vorab betrachten. Nachdem der Bericht fertiggestellt ist, wird er auf den Berichtsserver exportiert und kann dann in einem *Browser* abgerufen werden, vgl. mit den Berichten im *Browser* in »Berichte«, S. 58.

Data Mining

Alternativ zur Berichtsauswertung stellen Analytische Applikationen innerhalb der ***Information Supply Chain*** die au-

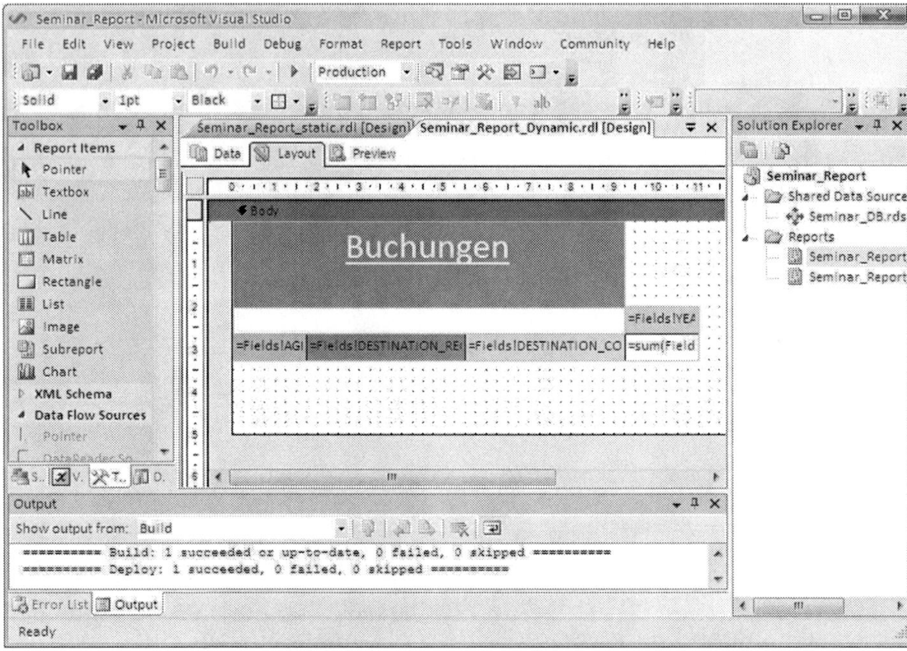

Abb. 4.11-3: Berichtsdefinition in den Reporting Services®.

tomatische Auswertung durch die Verwendung von Methoden des *Data Mining* bereit. Die Analysis Services unterstützen einfache *Data Mining*-Verfahren wie Lineare Regression, *k-means Clustering*, einfache Neuronale Netze und Entscheidungsbäume. Für komplexere *Data Mining* Auswertungen von großen Datenbeständen sollte auf externe Werkzeuge zurückgegriffen werden. Abb. 4.11-4 zeigt das Ergebnis der Anwendung einer **Clusteranalyse**, die den Datenbestand der soziodemografischen Touristikdaten in einzelne Gruppen (den *Clustern*) zerlegt. Im rechten Teilfenster erkennt man den Eintrag der »Mining Structures« im Projektbaum. Im Hauptfenster sind sieben *Cluster* identifiziert worden. Die Anzahl der Datensätze, die zu jedem *Cluster* gehört, wird anhand der Färbung visualisiert. Weiß bedeutet, dass das *Cluster* keinen Datensatz enthält, während dunkelblau bedeutet, dass das *Cluster* 24 Prozent der Datensätze beinhaltet. Ferner sind die Ähnlichkeiten der *Cluster* untereinander durch die Verbindungslinien dargestellt: *»Cluster 6«* enthält gegenüber den übrigen *Clustern* Datensätze mit deutlich abweichenden Werteausprägungen. Eine genauere Analyse des *»Clusters 6«* erfolgt über die weiteren Ansichtsreiter des Hauptfensters. Dabei ergibt sich, dass das *»Cluster 6«* durch die Gruppe der »Fernreisenden« im Alterssegment »50–64« und der Einkommensklasse »über 3.750 EUR« repräsentiert wird.

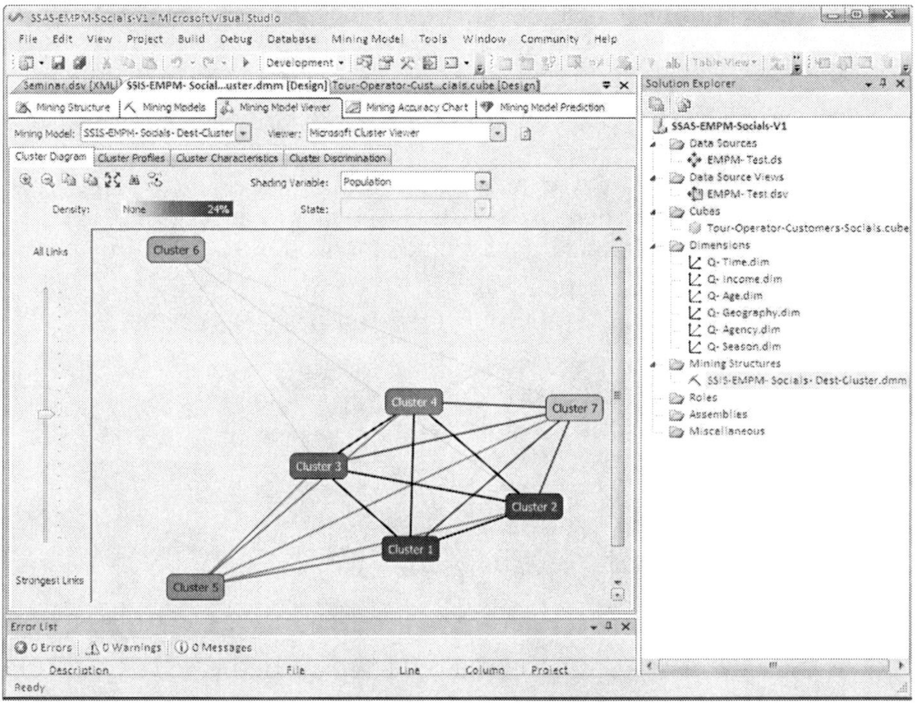

Abb. 4.11-4: *Data Mining* mit den Analysis Services®.

4.12 Das *Data Warehouse* der TUI *

Viele Unternehmen haben in den letzten Jahren die Notwendigkeit erkannt, Analytische Systeme einzuführen, um die Geschäftsprozesse besser beobachten und steuern zu können.

Zum Jahrtausendwechsel hat die TUI AG das *Data Warehouse* TUFIS in Betrieb genommen. Die erste Aufgabe bei der Einführung bestand darin, die heterogenen Datenbeschreibungen konsistent abzugleichen.

Status quo vor Einführung

Die typische Systemlandschaft eines Reiseveranstalters vor der Einführung eines *Data Warehouse* bestand anno 1997 noch aus mehreren Teilsystemen, die über »Papierschnittstellen« miteinander verbunden waren. In der täglichen Arbeit bedeutete das, dass sich der Verantwortliche mit Stapeln von Ausdrucken von Zahlenkolonnen befassen musste.

Die Abb. 4.12-1 zeigt die Systemlandschaft vor der *Data Warehouse*-Einführung (vereinfacht) nach [Kort00].

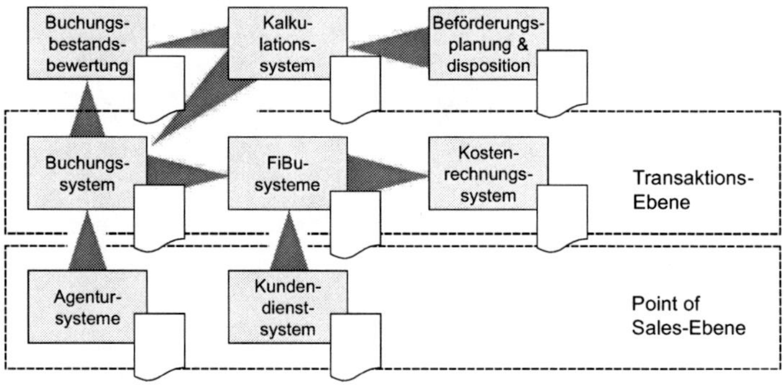

Abb. 4.12-1: Systemlandschaft vor Einführung des *Data Warehouse.*

Aufbau

Der Aufbau der analytischen Anwendung beginnt mit dem Aufbau des *Data Warehouse.* Aufgrund der Komplexität des Datenmodells wird ein inkrementelles Vorgehen gewählt. Projekte, die versucht haben, *Data Warehouse* in einem »*Big Bang*«-Verfahren einzuführen, sind in der Praxis nahezu alle gescheitert.

Auch hier gilt der Grundsatz »teile und herrsche«.

Dabei werden nacheinander einzelne Teile des Unternehmens modelliert und in ein bereits bestehendes Modell hinzugefügt.

Der Ausgangspunkt der Modellierung bei einem Reiseveranstalter findet sich beim Buchungssystem, so dass der zentrale Teil des Datenmodells durch die Datenbeschreibung der Buchungen gegeben ist.

Von hier aus wird das Modell sukzessiv erweitert. Die Buchungsinformation des *Data Warehouses* wird täglich aus den operativen Vorsystemen aktualisiert. Die auswertenden OLAP und *Data Mining* Systeme bedienen sich auf verschiedenen Zeitskalen der Aktualisierung der Data Warehouse Information, von täglich im Bereich Flugprognose bis hin zu halbjährlich im Bereich Produktplanung. Zur Reduktion der Komplexität wurde bei TUFIS eine Zerlegung des Datenmodells in einzelne Teilwürfel vorgenommen. Diese Teilwürfel besitzen teils identische Dimensionen wie z. B. die der Zeitdimension und können darüber in Beziehung zueinander gesetzt werden.

Fakten

Nachfolgend sind einige Fakten über das *Data Warehouse* TUFIS der TUI AG zusammengestellt [Dies99].

Das *Data Warehouse* bei der TUI heisst »TUFIS«, das für »TUI-Führungs- und Informationssystem« steht. Dort lagert das gesamte Datenkapital von TUI (Informationen über 18 000 Unterkunftsobjekte, 1,4 Mio. Flüge pro Jahr sowie 36 Mrd. Kombinationen aus Flügen und Unterkünften, Hotelkontingente, Zielgebietsinformationen, Preise, Auslastungen etc.). Auf jede Frage kann TUFIS Antwort geben, so dass man sich bei der Produktplanung nicht mehr nur auf das Wissen und das Gefühl eine Planers verlassen muss, sondern auf harte Daten, die TUFIS liefert. Dank TUFIS konnte man in der Produktplanung einen echten Qualitätssprung verbuchen. Denn ein Jahr vor Saisonbeginn werden dort alle relevanten Daten zur Analyse gesammelt, um die Angebote optimal der aktuellen Nachfrage anzupassen. Früher hatte man dafür mit einem »Bettenbuch« gearbeitet.

In den 70er Jahren begann man die Karteikästen und Bettenbücher durch operative Systeme abzulösen. Dabei handelte es sich jedoch um Insellösungen, die mit unterschiedlichen Begriffen, Definitionen und Abfragemechanismen arbeiteten. Die Kenntnis aller Dateninhalte und deren Interpretation war auf wenige Köpfe beschränkt.

Damals galt der gesamte Aufwand des IT-Bereichs der Beantwortung von Informationsfragen. Dennoch war das richtig Entscheiden auf der Basis guter Information ein Ideal, das sich kaum einlösen ließ. In den letzten fünf Jahren entstand nun das *Data Warehouse*. Während dieser Zeit ist es stetig organisch gewachsen und hat sich enorm weiterentwickelt. Anfangs stand die Vision, eine konzernweit einheitliche und integrierte Informationswelt zu schaffen. Alle Beteiligten (egal ob Einkäufer, Produktplaner oder Zielgebietsagentur) sollten ohne Systemgrenzen die Informationen bekommen, die sie brauchen. Dabei stellte sich als höchste Hürde heraus, dass es für Manager nur schwer vorstellbar war, Unternehmenswissen zu teilen.

Nach Zustimmung zum Projekt wurde eine Bedarfsanalyse aller Fachbereiche durchgeführt, um herauszufinden, welches die wirtschaftlich relevanten Daten waren, wo die Interessen lagen etc. Anschließend wurde daraus ein Bauplan mit eindeutigen Systemdefinitionen, der es den Entwicklern ermöglichte, das System zu erstellen. Heute ist nun, sobald der Kunde im Flieger sitzt, das von ihm gekaufte Produkt in seiner Gesamtheit bereits abruf- und darstellbar, in Form von Daten, die in TUFIS gespeichert sind. Unter anderem gehen die Daten auch in das ausgeklügelte Prognosesystem ein und werden damit zu neuen Informationen. Da die Eckdaten für Erfolg oder Misserfolg nicht nur von TUI selbst, sondern auch von äußeren kaum beeinflussbaren Faktoren (Unwetter, Erdbeben, Großereignissen etc.) gesetzt werden, wurde ein Prognosesystem integriert, das sich nicht nur auf die Daten der hauseigenen operativen Systeme verlässt, sondern auch externe Informationen nutzt, z. B. Änderung der Nachfrage nach Drei-Sterne-Hotels relativ zur Gesamtnachfrage. Ebenso wurde TUFIS um eine »Ampelfunktion« erweitert: »grün« heißt Buchungsverlauf wie geplant, »gelb« heißt Vorsicht! und bei »rot« ist Alarm angesagt. So lag die Planungsaktualität bei TUI damal bei 60 Tagen, was noch laut zuständiger Abteilung noch zu verbessern war. Alles in allem ist das *Data Warehouse*, das mit der Menge und Qualität der Daten sowie der intelligenten Verknüpfung steht und fällt, bei TUI nicht mehr wegzudenken!

Die Anforderungen an das System steigen stetig und die Nachfrage der Fachabteilungen nimmt zu. Die Einführung des *Data Warehouse* TUFIS umfasste ca. drei Jahre. Fazit

Die Systemarchitektur nach der Einführung ist in der Abb. 4.12-2 dargestellt.

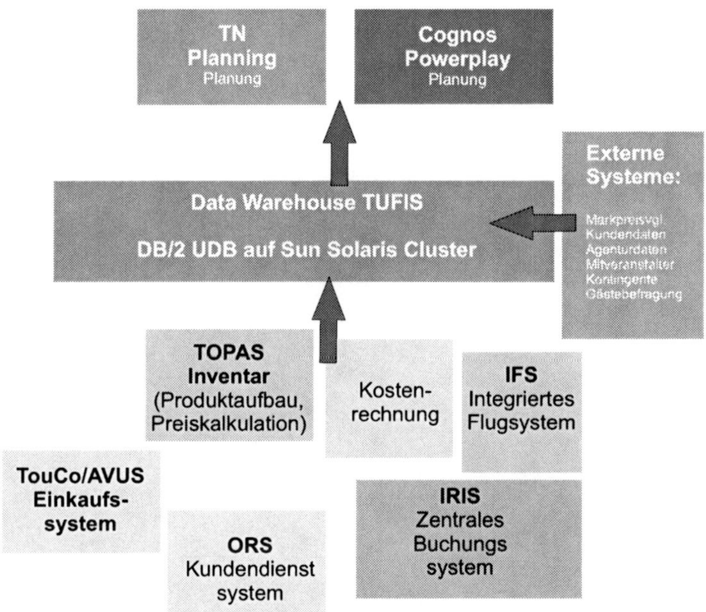

Abb. 4.12-2: Umfeld des *Data Warehouse* nach der Einführung.

Während der Entwicklung von TUFIS wurden einige operationale Systeme neu entwickelt bzw. einem Redesign unterworfen.

So wurde zum Beispiel das Einkaufssystem TouCo/AVUS neu geschaffen und das Kalkulationssystem TOPAS verändert.

Es fällt auf, dass zwei verschiedene OLAP-Systeme aus dem *Data Warehouse* bedient werden: Cognos Powerplay® zur OLAP-Navigation und zur Berichtsaufbereitung und TNPlanning® von Thinking Networks zur Finanz- und Mengenplanung. Externe Informationen, wie z. B. Kontingente oder Events werden ebenfalls in das *Data Warehouse* aufgenommen. Dadurch lässt sich die TUI mit Wettbewerbern vergleichen, zum anderen die intern gesammelten Informationen in einem größeren Kontext gebettet und der Informationsgehalt weiter veredelt.

Glossar

Abschreibung *(depreciation)*
Abschreibungen stellen die auf die Nutzungsdauer eines Investitionsguts verteilten Anschaffungskosten dar.

Ad hoc-Abfrage *(ad hoc query)*
Eine Ad hoc-Abfrage ist eine spontan, interaktiv am System durchgeführte Abfrage eines →*Online Analytical Processing* (OLAP)-Systems, d. h. ohne dass etwa eine im Voraus programmierte Auswertungsroutine verwendet wird.

Analytische Applikation *(analytical application)*
Analytische Applikationen bilden eine Teilmenge der Information Supply Chain und umfassen das Data Warehouse, das Data Mining und das Berichtswesen. Sie unterstützen betriebswirtschaftliche Funktionen wie Budgetplanung, Performance Management, Kampagnenmanagement und Konzernkonsolidierung, siehe auch →Analytisches Informationssystem.

Analytisches Informationssystem *(analytical information system)*
Analytische Informationssysteme dienen im Gegensatz zu →operativen Informationssystemen nicht zur Unterstützung der Durchführung von →Geschäftsprozessen, sondern zur Auswertung und Analyse von →Daten, die bei der Prozessdurchführung anfallen.

Anwendung *(application)*
Als Anwendung oder Anwendungssystem wird ein Computerprogramm bezeichnet, mit dem ein Benutzer seine Aufgaben bearbeitet. Beispiele sind →ERP-Systeme, E-Mail-Programme und Textverarbeitungen. (Syn.: Anwendungssystem, Anwendungssoftware)

Arbeitsspeicher *(RAM*; random access memory*)*
Medium zur kurzfristigen Aufbewahrung nicht zu umfangreicher Information in einem Computer; Bestandteil der Zentraleinheit. (Abk.: RAM)

ASCII *(ASCII*; American Standard Code of Information Interchange*)*
Genormter 7-→Bit-Zeichensatz (128 Positionen) zur Darstellung von Ziffern, Buchstaben, Sonderzeichen und Steuerzeichen (siehe auch →Latin und →Unicode).

Aufbauorganisation *(organizational structure)*
Die Aufbauorganisation eines Unternehmens legt die Bildung von Organisationseinheiten, wie Abteilungen und Stellen, sowie Weisungs- und Entscheidungsbefugnisse fest.

Balanced Scorecard *(balanced scorecard)*
Systematik, um Erfolgsfaktoren außerhalb des Rechnungswesens messbar zu machen und mit finanziellen Kennzahlen zu verknüpfen.

Basel II *(Basle II)*
Als Basel II werden die neuen Eigenkapitalrichtlinien des Basler Ausschusses für Bankenaufsicht bezeichnet. Eine Konsequenz dieser Richtlinien ist die genauere Abschätzung der Risiken bei einer Kreditvergabe.

Außerdem müssen die Banken ihre internen Abläufe und Verfahren zur Risikoabschätzung dokumentieren und regelmäßig überprüfen.

Betriebsergebnis *(operating income)*
Ergebnis innerhalb der gewöhnlichen Geschäftstätigkeit.

Bewegungsdaten *(transaction data)*
Bewegungsdaten sind Daten, die sich auf konkrete Zeitpunkte beziehen. So verfügt etwa eine Rechnung über ein Rechnungsdatum. Weitere Beispiele für Bewegungsdaten sind Aufträge, Anfragen oder Versandbestätigungen. Im Gegensatz hierzu sind →Stammdaten meist über einen längeren Zeitraum gültig (z. B. Daten über ein Produkt).

Bilanz
T-kontenmäßige Gegenüberstellung der Aktivseite – Anlage- sowie Umlaufvermögen- und der Passivseite – Eigen- und Fremdkapital.

Bottom-Up
Die Verarbeitung von unten nach oben innerhalb einer →Hierarchie.

Browser *(browser*; Web-Browser*)*
Software, über die Benutzer die Dienstleistungen des →Internets, insbesondere des →Webs, in Anspruch nehmen können. Durch Angabe der →URL wird das Computersystem, das die jeweilige Dienstleistung anbietet, eindeutig adressiert. (Syn.: Web-Browser)

Buchführung *(bookkeeping)*
Buchführung ist die lückenlose und geordnete Aufzeichnung der Geschäfsvorfälle nach gesetzlichen Vorschriften. (Syn.: accounting)

Business Intelligence
Unter dem Begriff *Business Intelligence* versteht man Vorgehensweisen, Konzepte und Anwendungssysteme zur Erhebung, Darstellung und Analyse von →Daten, die zur Entscheidungsunterstützung für das Management von Bedeutung sind. Hierfür kommen →analytische Informationssysteme zum Einsatz.

Business Performance Management (BPM)
Business Performance Management ist ein Managementkonzept, das sich auf die Messung und Auswertung leistungsbezogener →Kennzahlen des Unternehmens stützt. Hierzu sind entsprechende →Informationssysteme erforderlich, welche die Kennzahlen ermitteln und dem Management zur Verfügung stellen (→*Business Intelligence*-Systeme, Management-→*Dashboards* u.ä.). →Prozesskennzahlen spielen hierbei eine wichtige Rolle, und damit auch Systeme für das →*Process Performance Management*. (Abk.: BPM)

Cashflow *(Cashflow)*
Der *Cashflow* stellt die verfügbaren Geldmittel dar. (Abk.: Cashflow)

Client-Server-Architektur *(client/server architecture)*
Ein ClientServerSystem besteht aus Clients, die Verbindungen zu Dienste anbietenden Servern aufbauen. Der Client bietet die Benutzeroberfläche bzw. die Benutzerschnittstelle der Anwendung an. Durch ClientServer-Architekturen wird u. a. eine Verteilung der Rechnerlast auf unterschiedliche Systemkomponenten erreicht.

Clusteranalyse
Unter Clusteranalyse ist ein strukturentdeckendes Analyseverfahren zur Ermittlung von Gruppen (Clustern) von Objekten zu verstehen, deren Attributausprägungen bestimmte Ähnlichkeiten aufweisen.

Common Warehouse Model (CWM)
Definiert ein standardisiertes Metadatenmodell zur Abbildungen von Datenmodellen aus verschiedenen Datenquellen und -senken. (Abk.: CWM)

Compound Growth Factor (CGF)
Beschreibt ein Maß für das Wachstum der Größe eines multidimensionalen hierarchischen Würfels bezogen auf die Anzahl seiner →Dimensionen. (Abk.: CGF)

Customer Relationship Management (CRM)
Customer Relationship Management ist ein Konzept zum integrierten Management aller Beziehungen zum Kunden, vom Marketing über den Verkauf bis hin zum Kundendienst. Es sollen alle Verkaufskanäle wie Telefon, Internet, Einzelhändler usw. gleichermaßen einbezogen werden. Zur Unterstützung werden CRM-Systeme eingesetzt. Hierbei handelt es sich um →Anwendungen zur Verwaltung und Auswertung aller Daten über die Kundenkontakte und zur Unterstützung sämtlicher kundenbezogenen →Geschäftsprozesse. (Abk.: CRM)

Dashboard
Als *Dashboard* (»Instrumententafel«) wird eine Benutzungsoberfläche für →analytische Informationssysteme mit knappen Überblicksdarstellungen relevanter →Kennzahlen bezeichnet. Die Darstellung erinnert an die Anzeigen auf dem Amaturenbrett eines Autos. Es kommen beispielsweise Tachometerdarstellungen, Ampeln u.ä. zum Einsatz. Hier lässt sich auf einen Blick erkennen, welche Werte im Normalbereich und welche im kritischen Bereich sind. Werden detaillierte Informationen benötigt, kann ein →*Drill Down* durchgeführt werden.

Data Dictionary
Enthält die Strukturbeschreibungen der Daten, die in einer →Datenbank gespeichert werden, in Form von Schemata (→Schema). Enthält Datenstruktur-Definitionen; üblicherweise in modifizierter Backus-Naur-Form beschrieben.

Data Mart
Ein Data Mart stellt einen Extrakt aus dem unternehmensweiten Data Warehouse für einen bestimmten Organisationsbereich, eine abgegrenzte Personengruppe oder eine spezifische Anwendung dar und wird häufig physisch separat gespeichert, um so schnelle Antwortzeiten für das jeweilige Einsatzgebiet gewährleisten zu können.

Data Mining
Data Mining steht für eine strukturierte, aus mehreren Teilschritten bestehende, interaktive und iterative Vorgehensweise zur systematischen Datenanalyse. Das Ziel der Analyse liegt darin, in einem definierten Datenbestand Muster zu erkennen, die im Hinblick auf die Beantwortung einer Frage bzw. Problemstellung relevant sein können. In einer alterna-

tiven Interpretation des Begriffes steht Data Mining für eine Phase im Prozess des »Knowledge Dicovery in Databases«.

Data Warehouse
Ein *Data Warehouse* dient der Sammlung und einheitlichen Strukturierung von Daten (z. B. in Form von →Datenwürfeln) aus unterschiedlichen →operativen Informationssystemen zum Zwecke der Auswertung in →analytischen Informationssytemen.

Daten *(data)*
Daten bestehen aus Zeichen, die nach gewissen Syntaxregeln zusammengesetzt werden.

Datenbank *(database)*
Komponente eines →Datenbanksystems. Enthält die zu verwaltenden Daten eines Anwendungsbereichs. (Abk.: DB)

Datenbankmanagementsystem
Komponente eines →Datenbanksystems. Verwaltet die in der →Datenbank oder den Datenbanken abgelegten Datenbestände mit Hilfe der im →Data Dictionary gespeicherten Schemata (→Schema).

Datenbanksystem *(data base system)*
Verwaltet große, integrierte, mehrfachbenutzbare →Datenbanken dauerhaft, zuverlässig und unabhängig. Auf die Daten kann komfortabel, flexibel und geschützt zugegriffen werden. Besteht aus einer oder mehreren Datenbanken, einem Data Dictionary und einem Datenbankmanagementsystem. (Abk.: DBS)

Datenreihe
Inhaltlich zusammen gehörende Menge von Daten bzw. Messpunkten zur Darstellung in einem →Diagramm.

Datenwürfel *(data cube)*
Ein Datenwürfel ist eine Struktur zur Ablage von →Daten in einem →*Data Warehouse*. Der Datenwürfel einer →Kennzahl wird durch verschiedene →Dimensionen aufgespannt, die der Untergliederung der betreffenden Kennzahl dienen. So können etwa für Umsatzzahlen die Dimensionen Monat, Produktgruppe, Region usw. verwendet werden.

Deckungsbeitrag *(contribution margin)*
Bei dem Deckungsbeitrag eines Produktes oder einer →Leistung handelt es sich um den mit diesem Produkt oder dieser Leistung erzielten Erlös abzüglich seiner variablen Kosten – also der Kosten, die sich bei einer Mengenänderung direkt verändern (wie z. B. Materialkosten). Aus den Deckungsbeiträgen der verschiedenen Produkte und Leistungen eines Unternehmens müssen zunächst seine fixen Kosten gedeckt werden – d. h. die Kosten, die kurzfristig nicht von der hergestellten Menge abhängen, wie z. B. →Abschreibungen für vorhandene Maschinen. Bei dem verbleibenden Rest handelt es sich um den Gewinn des Unternehmens.

Diagramm
Grafische Darstellung der Inhalte einer Tabelle oder eines ausgewählten Zellbereichs.

Dimension *(dimension)*
In →analytischen Informationssystemen können →Daten nach unterschiedlichen Dimensionen gegliedert werden. Beispielsweise können Umsatzzahlen in Dimensionen wie Monat, Produktgruppe, Kundengruppe, Region usw. aufgeschlüsselt werden. Die verwendeten Dimensionen spannen einen →Datenwürfel auf. Bei drei Dimensionen kann man dies tatsächlich als Würfel zeichnen, aber es sind auch mehrdimensionale »Würfel« möglich. Jedes »Kästchen« innerhalb des Würfels enthält dann einen Wert (z. B. der Umsatz des Monats Juli mit Elektronikartikeln bei Firmenkunden in Norddeutschland). Aus diesem Würfel lassen sich leicht die verschiedensten Auswertungen erstellen.

Drill-Down
Drill Down bedeutet wörtlich »in die Tiefe bohren«. Hiermit bezeichnet man die Möglichkeit, bei →analytischen Informationssystemen von verdichteten →Daten zu den betreffenden detaillierten Daten zu gelangen. Stellt man beispielsweise auf einer Unternehmensübersicht eine starke Umsatzänderung in einem bestimmten Monat fest, so kann man durch einen *Drill Down* die Herkunft der betreffenden Zahl ermitteln. Beispielsweise kann man sich aufschlüsseln lassen, wie sich die Umsätze des Monats in verschiedenen Regionen entwickelt haben. Im Extremfall kann man bis zu den einzelnen →elektronischen Belegen gelangen, in diesem Fall den einzelnen Verkäufen.

Durchlaufzeit *(cycle time)*
Die Durchlaufzeit ist die Zeitdauer, die ein Durchlauf eines →Geschäftsprozesses vom Start bis zum Ende insgesamt benötigt.

EBIT *(EBIT*; Earnings befor interest and tax*)*
Betriebsergebnis.

Eigenkapitalrentabilität *(equity return)*
Die Rentabilität des Eigenkapitals wird auch die Unternehmerrentabilität genannt, da sie dem Unternehmer, der Kapital in das Unternehmen eingebracht hat, sagt, wie hoch sich dieses Kapital verzinst. Sie wird wie folgt berechnet: Eigenkapitalrentabilität = Gewinn x 100 / Eigenkapital. (Abk.: Eigenkapitalrentabilität)

Elektronischer Beleg *(electronic record)*
Ein Beleg dient zum Nachweis über einen geschäftliche Vorgang. Beispiele sind Rechnungen oder Lieferscheine. Die entsprechenden Datensätze in einem betrieblichen →Informationssystem stellen elektronische Belege dar.

Enterprise Resource Planning (ERP)
Ein *Enterprise Resource Planning*-System ist ein integriertes betriebswirtschaftliches →Informationssystem für alle Bereiche eines Unternehmens, wie Rechnungswesen, Vertrieb, Einkauf, Produktion usw. (Abk.: ERP)

eXtensible Business Reporting Language (XBRL)
XML-basierter Sprachstandard zum Aufbau und Austausch von Finanzberichten.

externes Rechnungswesen *(financial Reporting)*
Das externe Rechnungswesen ist charakterisiert durch die Erfassung aller Vorgänge finanzieller Art, die sich zwischen dem Unternehmen und seinem Umfeld (z. B. Lieferanten, Abnehmer, Staat) abspielen. Instrumente sind die Finanzbuchhaltung, die Gewinn- und Verlustrechnung und der Jahresabschluss.

Extrahieren-Transformieren-Laden *(Extraction Transforming Loading)*
Ein Prozess zur Übernahme von Daten aus operationalen Datenbeständen in ein →Data Warehouse. (Abk.: ETL)

Gemeinkosten *(overhead costs)*
Gemeinkosten sind Kosten, die nicht direkt der Erzeugung eines bestimmten Produktes oder einer bestimmten Dienstleistung zugeordnet werden können, wie die Kosten für die Leitung einer Abteilung, Gebäudekosten u.ä.

Geschäftsprozess *(business process)*
Ein Geschäftsprozess (oft abgekürzt nur »Prozess« genannt) ist eine Abfolge von Funktionen (auch als →Aktivitäten bezeichnet) zur Erfüllung einer betrieblichen Aufgabe, wobei eine Leistung in Form von Informations- und/oder Materialtransformation erbracht wird. (Syn.: Prozess, Ablauf)

Gewinn *(profit)*
Positiver Erfolg eines Geschäftsbetriebes, die Erträge sind größer als die Aufwendungen.

Gewinn- und Verlustrechnung *(profit and loss account)*
Die Gewinn und Verlustrechnung ist Teil des Jahresabschlusses. Sie kann nach dem Umsatzkostenverfahren oder dem Gesamtkostenverfahren aufgestellt werden. Der Aufbau ist im § 275 HGB vorgeschrieben. (Syn.: statement of income)

Granularität *(granularity)*
Ein Vektor aus Klassifikationsstufen der Dimensionen zur Beschreibung einer Unterstruktur eines hierarchischen multidimensionalen Würfels

Größenachse
Die Achse eines →Diagramms, auf der die gemessenen Werte der betrachteten →Datenreihen angegeben werden.

Handelsgesetzbuch (HGB)
Das deutsche Handelsgesetzbuch beschreibt den bundesdeutschen Rechnungslegungsstandard.

Hashfunktion *(hash function)*
In der Kryptographie eine nicht-injektive →Einwegfunktion, die eine beliebige Datenmenge auf eine Bitfolge konstanter Länge komprimiert (»digitaler Fingerabdruck«). Wird bei der →digitalen Unterschrift verwendet.

Hierarchie *(hierarchy)*
Hierarchien stehen hier für die jeweiligen Vorgesetzten von Mitarbeitern oder Vorgesetzten. (Abk.: Hierarchie)

Hyperwürfel *(hyper cube)*
Speicherung von Daten in mehrdimensionalen Strukturen. Jede Zelle innerhalb eines Würfels wird durch die Elemente aller Dimensionen bestimmt und kann direkt angesprochen werden (→Data Warehouse).

IAS/IFRS
Die International Financial Reporting Standards (IFRS) sind internationale Rechnungslegungsvorschriften. Sie umfassen die Standards des International Accounting Standards Board International Accounting Standards Board (IASB), die International Accounting Standards (IAS) des International Accounting Standards Committee International Accounting Standards Committee sowie die Interpretationen des International Financial Reporting Interpretations Committee International_Financial Reporting Interpretations Committee (IFRIC) bzw. des ehemaligen Standing Interpretations Committee Standing Interpretations Committee (SIC).

Information *(information)*
Bei Information handelt es sich um Daten, die in einem Kontext interpretiert werden und somit eine Bedeutung für den Besitzer oder Empfänger dieser Daten haben. Häufig liegen Informationen in wenig strukturierter Form als Textdokumente, Zeichnungen etc. vor, weshalb sie sich schwer automatisch verarbeiten lassen.

Information Supply Chain
Eine auf Daten und Information basierende Wertschöpfungskette, die operationale Daten in ihrer Aufbereitung bis hin zur Entscheidungsunterstützung durchlaufen. (Abk.: ISC)

Informationssystem *(information system)*
Ein Informationssystem ist ein technisch-organisatorisches System, das →Informationen verarbeitet. Meist werden speziell computergestützte Systeme als Informationssysteme bezeichnet.

Java *(Java)*
Eine der am meisten eingesetzten objektorientierten Programmiersprachen, 1990 von der Firma Sun Microsystems entwickelt. Man unterscheidet Java-Applets, die in einem Web-Browser ausgeführt werden, Java-Servlets, die auf einem Web-Server ausgeführt werden und Java-Anwendungen, die als eigenständige Programme auf einem Computersystem laufen. Java verfügt über ein besonderes Sicherheitskonzept.

Kennzahl *(measure)*
Eine Kennzahl dient der quantitativen Bewertung eines Sachverhaltes. Z.B. können →Geschäftsprozesse mit Hilfe von Kennzahlen wie →Durchlaufzeiten, →Prozesskosten oder Ausschussquoten beurteilt und verglichen werden.

Klassifikationsknoten
Ausprägungen auf jeder Klassifikationsstufe z. B. Stufe »Jahr« Ausprägung »2007«.

Klassifikationspfad
Ein Klassifikationspfad beschreibt einen Weg über mehrere Klassifikationsstufen. Es können u. U. parallele Pfade in alternativen Hierarchien existieren.

Klassifikationsschema
Die Beschreibung der Struktur einer Hierarchie einer Dimension.

Klassifikationsstufe
Ein Aggregationsniveau innerhalb einer hierarchischen →Dimension.

Leistung *(service)*
Unter einer Leistung versteht man die Erstellung und Bereitstellung eines physischen Produktes oder die Erbringung eines Dienstes für einen Empfänger, für den dieses Produkt oder dieser Dienst einen Nutzen hat oder einen Wert darstellt.

Liquidität *(liquidity)*
Zahlungsfähigkeit eines Unternehmens. Keine Liquidität bedeutet für alle Unternehmen Anmeldung der Insolvenz bei dem zuständigen Amtsgericht. (Syn.: net current assets)

materialisierte Sicht *(materialized view)*
Vorberechnete Aggregationen zwischen →Klassifikationsstufen von hierarchischen →Dimensionen, die physisch in der Datenbank gespeichert werden.

MOLAP
Das multidimensionale →OLAP als Technik der Datenspeicherung in einem →Datenbankmanagementsystem. Hier wird primär der Dimensionszugriff und die Kennzahlenaggregation optimiert implementiert.

Navigationsoperationen
Die interaktive Auswahl von Ausprägungen und →Dimensionen innerhalb eines Berichts zum Perspektivwechsel auf die Daten in einem → *OLAP* System.

OLAP *(On-line Analytical Processing)*
Auswertung von multidimensionalen Datenstrukturen. Wichtige Operationen sind slice & amp; dice, roll up und drill down.

OLTP
Eine transaktionsorientierte Methode zur effizienten Abbildung großer Transaktionsmengen (z. B. Buchungen) auf Datenbanken.

On-Line Transaction Processing
On-Line Transaction Processing-Systeme unterstützen transaktionsorientiert die Abwicklung der operativen Geschäftstätigkeit. Im Vordergrund stehen hierbei Lese und Schreiboperationen auf kurzfristig veränderlichen Datenbeständen.

Online Analytical Processing (OLAP)
Online Analytical Processing-Systeme sind →analytische Informationssysteme, mit denen →Ad hoc-Abfragen durchgeführt werden können. Dies bedeutet, dass der Benutzer am System spontan Analysen nach beliebigen Kriterien durchführen kann und nicht etwa auf im Voraus programmierte Abfrageroutinen angewiesen ist. (Abk.: OLAP)

Operationale Datenbanken
Die Basissysteme des Unternehmens zur Datenhaltung der primären Geschäftsinformationen (z. B. Buchungen) unter Verwendung transaktionaler Verarbeitung, siehe →*OLTP*.

Operatives Informationssystem *(operational information system)*
Ein operatives Informationssystem dient dazu, die Durchführung von →Geschäftsprozessen zu unterstützen. Im Gegensatz dazu stehen →Informationssysteme zum Entwurf oder zur Planung von Prozessen oder Systemen bzw. zur Auswertung und Analyse von →Daten (→analytische Informationssysteme). (Syn.: Operatives System)

Organigramm *(organizational chart)*
Das Organigramm ist eine →Notation zur grafischen Darstellung der → Aufbauorganisation eines Unternehmens.

Organisationsbruch *(crossing of an organizational boundary)*
Ein Organisationsbruch entsteht beim Wechsel von einer →Organisationseinheit zu einer anderen innerhalb eines →Geschäftsprozesses.

Organisationseinheit *(organizational unit)*
Eine Organisationseinheit ist ein klar begrenzter Teil eines Unternehmens oder einer sonstigen Organisation, dem i.d.R. mehrere Mitarbeiter angehören, wie z. B. eine Abteilung oder eine Gruppe.

Planung
Die betriebswirtschaftliche Planung befasst sich mit der Schätzung von betriebswirtschaftlichen Größen für zukünftige Geschäftsperioden.

Planungsprozess *(planning procedures)*
Planungsprozesse erzeugen Pläne, welche die Entwicklungsrichtung eines Unternehmens vorgeben. (Abk.: Planungsprozess)

Process Performance Management (PPM)
Systeme zum *Process Performance Management* sind →analytische Informationssysteme, die speziell der Ermittlung und Auswertung von → Prozesskennzahlen dienen. Von besonderer Bedeutung ist hierbei die Identifikation und Zusammenführung der zu einer →Prozessinstanz gehörenden →Daten aus →operativen Informationssystemen. (Abk.: PPM)

Prozessinstanz *(process instance)*
Eine Prozessinstanz ist eine konkrete Durchführung eines →Geschäftsprozesses. Zu einem Geschäftsprozess, wie z. B. einen Auftragsabwicklungsprozess, gibt es eine Vielzahl von Prozessinstanzen. Jedesmal, wenn ein neuer Auftrag eingeht, wird eine neue Prozessinstanz gestartet.

Prozesskennzahl *(process indicator)*
Eine Prozesskennzahl ist ein quantitativ beschreibbares, betriebswirtschaftlich relevantes Merkmal eines →Geschäftsprozesses, z. B. → Durchlaufzeit, →Prozesskosten, Zahl der →Organisationsbrüche oder Häufigkeit der Durchführung.

Prozesskosten *(activity-based costs)*
Prozesskosten sind die mit Hilfe der Methoden der →Prozesskostenrechnung ermittelten durchschnittlichen Kosten, die für die einmalige Durchführung eines →Geschäftsprozesses anfallen.

Prozesskostenrechnung (PKR) *(activity based costing, ABC)*
Bei der Prozesskostenrechnung handelt es sich um eine Methode zur Ermittlung der durchschnittlichen Kosten eines →Geschäftsprozess-

Durchlaufs, wobei →Gemeinkosten möglichst verursachungsgerecht den Prozessen zugeordnet werden. (Abk.: PKR, ABC)

Return on Investment (ROI)
Als *Return on Investment* bezeichnet man das Verhältnis von dem mit einer Investition erzielten Gewinn (vor Fremdkapitalzinsen) zu eingesetztem Gesamtkapital. (Abk.: ROI; Syn.: Gesamtkapitalrentabilität)

ROLAP
Relationales →OLAP, welches auf relationalen Datenmodellen basiert und somit die Verwendung von relationalen →Datenbankmanagementsystemen zur →OLAP Analyse erlaubt.

Roll-Up
Im Rahmen des On-Line Analytical Processing bezeichnet Roll-Up eine Navigationsfunktionalität, die den Anwender von einer detaillierten zu einer stärker aggregierten Datensicht wechseln lässt.

Rubrikenachse
Die Achse eines →Diagramms, auf welcher die betrachteten →Datenreihen angezeigt werden.

Schema *(scheme)*
Beschreibt für eine konkrete Datenbank das Datenmodell.

Stammdaten *(master data)*
Stammdaten haben keinen konkreten Zeitbezug und sind oft für einen längeren Zeitraum gültig. Beispiele sind Kundendaten oder Produktbeschreibungen. Im Gegensatz dazu beziehen sich →Bewegungsdaten, wie z. B. eine Rechnung, auf konkrete Zeitpunkte (z. B. das Rechnungsdatum).

Sternschema
Ein Datenbankmodell zur Abbildung multidimensionaler Strukturen auf relationale oder multidimensionale Datenbanksysteme.

thin client *(thin client)*
thin client (engl. "dünner" Client bei Client-/Server-Architekturen) bezeichnet innerhalb der eine Anwendung, dessen funktionale Ausstattung auf die Ein- und Ausgabe beschränkt ist. Bei Webanwendungen spricht man von thin, wenn ein üblicher Webbrowser zur Ausführung egnügt und nichts beim Anwender installiert werden muss. Eine solche thin-client-Anwendung basiert auf HTML, DHTML und JavaScript. (Abk.: thin client; Syn.: Thin Client)

Top-Down
Die Verarbeitung von oben nach unten innerhalb einer →Hierarchie.

Umsatz *(sales)*
Der Umsatz eines Unternehmens ist der Erlös aus den Verkäufen seiner Leistungen. (Abk.: Umsatz)

US-GAAP
Die United States Generally Accepted Accounting Principles (US-GAAP); deutsch: »Allgemein anerkannte Rechnungslegungsgrundsätze«) ist die allgemeine Bezeichnung für die US-amerikanischen Vorschriften der

Rechnungslegung, die die Buchführung sowie den Jahresabschluss der Unternehmen regeln.

Web-Server
Server, der Informationen für das Web zur Verfügung stellt. Dies können sowohl statische Seiten (z. B. XHTML-Dokumente) als auch dynamisch erzeugte Seiten sein.

Würfel *(cube)*
Eine multidimensionale Struktur als Kombination mehrerer →Dimensionen.

XML *(Extensible Markup Language)*
Sprache zur Beschreibung der inhaltlichen Struktur von Dokumenten, die sowohl von Menschen als auch von Maschinen gelesen werden kann. XML ist ein W3C-Standard und in der Industrie weit verbreitet.

Literatur

[BaGü01]
Bauer, Andreas; Günzel, Holger; *Data-Warehouse-Systeme*, dpunkt, 2001.

[BaGü04]
Andreas Bauer Holger Günzel; *Data Warehouse Systeme – Architektur, Entwicklung, Anwendung*, 2. Auflage, Hrsg. Holger Günzel, Heidelberg, dpunkt.verlag, 2004.

[BaKa00]
Baus, A; Kaufmann, L.; *Innovationen im Controlling am Beispiel der Entwicklung monetärer Kennzahlen*, in: Controlling, 12, 2000, S. 121–128.

[Barc02]
Bange, Carsten; et.al.; *Planungswerkzeuge, 14 Softwarelösungen im Vergleich*, Oxygon, 2002.

[BaSe02]
Bange, Carsten; Sexl, Stefan; *"Business" wie? – Hat Business Intelligence als Dachbegriff versagt?*, in: IS Report, 2002, S. 30–32.

[Benz03]
Benz, Sebastian; *Materialisierte Sichten*, Kaiserslautern, 2003, http://wwwdvs.informatik.uni-kl.de/courses/seminar/SS2003/ausarbeitung11.pdf.

[BSC06]
Hrsg. The Balanced Scorecard Institute, 2006, http://www.balancedscorecard.org/files/Regional_Airline.pdf.

[CCS93]
Codd, Edgar F.; Codd, S. B.; Salley, C. T.; *Providing OLAP to User Analysts: An IT Mandate*, Ann Arbor, Michigan, Codd & Associates, 1993.

[ChDa97]
Chaudhuri, S; Dayal, U.; *An Overview of Data Warehousing and OLAP Technology*, in: Proceedings of the 1997 ACM SIGMOD International Conference on Management of Data, Tucson, USA, 1997.

[Dies99]
Diestel, M.; *Vom Data-Warehouse in die Sonne, schöne Ferien mit TUFIS*, in: Computerwoche, Sonderausgabe 25 Jahre, 1999.

[Dres07]
Dresner, Howard; *The Performance Management Revolution: Business Results Through Insight and Action*, Wiley Publishers, 2007.

[Druc95]
Drucker, Peter F.; *The Information Executives Truly Need*, in: Havard Business Review, 1995.

[Enge02]
Engels, Christoph, Aachen, persönliche Kommunikation, 2002.

[Enge02b]
Engels, C.; *Die Planungsmacher -- Tabellenkalkulation alleine reicht nicht.* , in: IS Report, 2002.

[Enge03]
Engels, Christoph, Aachen, persönliche Recherche, 2003.

[Enge97]
Engels, C.; *Vorhersage von Wirtschaftsdaten mit neuronaler Technologie*, in: Tagungsband des 3. Symposium Softcomputing, Göttingen, 1997.

[EnKo07]
Engels, C., Konen, W.; *Adaptive Hierarchical Forecasting*, in: erscheint in: Proceedings of the IDAACS 2007 Conference, Dortmund, 2007.

[Haus03]
Hauser, M.; *Integrierte Unternehmensplanung*, in: 11. Congress der Controller, Danzig, 2003.

[Heyer 06]
Heyer, Gerhard Quasthoff, Uwe Wittig, Thomas; *Text Mining: Wissensrohstoff Text*, Hrsg. Heyer, Gerhard, Herdecke, W3L, 2006.

[Horv98]
Horvath, P; *Controlling*, 7. Auflage, München, Vahlen, 1998.

[Inmo02]
Inmon, William H.; *Building the Data Warehouse*, 3. Auflage, John Wiley & Sons, 2002.

[Inmo03]
Inmon, William H.; *What is the GIF?*, 2003, `http://www.billinmon.com/library/newsltr/newsletter.asp`.

[KaNo96]
Kaplan, R. S.; Norton, D. P.; *The Balanced Scorecard: Translating Strategy into Action*, Havard Business School Press, 1996.

[Kimb00]
Ralph Kimball; *Is Your Data Correct?*, 2000, `http://www.intelligententerprise.com`.

[Kort00]
Kortmann, R.; *TUFIS* , in: TUI InfoTec GmbH & Co KG – Präsentationsunterlagen, St. Gallen, DWH Forum, 2000.

[Krem04]
Kremin-Buch, Beate; *Strategisches Kostenmanagement*, Frankfurt, Betriebswirtschaftlicher Verlag Dr. Th. Gabler / GWV Fachverlage GmbH, 2004.

[LAC87]
Levin, J. R.; Anglin, G. J.; Carney, R. N.; *On empirically validating functions of pictures in prose*, in: The Psychology of Illustration. Vol. 1: Basic Research, Hrsg. Willows, D. M.;Houghton, H. A., New York, 1987, S. 1–50.

[Lehn03]
Lehner, Wolfgang; *Datenbanktechnologie für Data-Warehouse-Systeme*, dpunkt, 2003.

[Mart00]
Martin, Wolfgang; *Integrated Commerce, ERM, SCM, CRM & Data Warehousing*, in: Band VIII, Hrsg. Euro-Online, Düsseldorf, 2000.

[Meye96]
Meyer, Jörn-Axel; *Visualisierung im Management*, Wiesbaden, Deutscher Universitätsverlag, 1996.

[Micr03]
MS-Excel 2003, Onlinehilfe, 2003.

[MoEn97]
Mohr, U., Engels, C.; *Yield Management für Flugpauschalreiseveranstalter*, in: Tagungsband der 2. Conference der Neuro Fuzzy Initiative, Düsseldorf, 1997.

[OMG05]
Data Warehousing, CWM and MOF, Needham, MA, 2005, `http://www.omg.org/technology/cwm/`.

[PeCr95]
Pendse, Nigel; Creeth, Richard; *The OLAP Report*, in: Business Intelligence, 1995.

[Pend02]
Pendse, Nigel; *The OLAP Report*, 2002, `http://www.olapreport.com`.

[Prei02]
Preißner, Andreas; *Balanced Scorecard in Vertrieb und Marketing*, München, Wien, Carl Hanser, 2002.

[Rehn05]
Rehn-Göstenmeier, Gudrun; *MS Excel 2003 – Diagramme und Charts*, Bonn, moderne industrie buch, 2005.

[Reib92]
Reibnitz, Ute; *Szenario-Technik Instrumente für die unternehmerische und persönliche Erfolgsplanung*, Wiesbaden, Gabler, 1992.

[Rieg02]
Rieger; *TUI – Cognos Powerplay Web Explorer*, Osnabrück, 2002, `http://sansibar.oec.uni-osnabrueck.de/cognos/cgi-bin/ppdscgi.exe?BZ=1AAAAg_yjOhOBBCB3OWCyEAUgRwVRNBi4uJIfu39AsYe5izPfHiimAhQc21JtBRwJLhRdsU24bGezugEXFITABBdPAjYwkXwi2BpntrVcPwVApa_bNlleAwrhphjYuJj4qJsiv2FrLAx8jq4qOgNh~QL_AQ==`.

[Turn96]
Turnheim, G.; *Controlling: Strategische Vor- und Rückkopplung*, Hrsg. Eschenbach, Stuttgart, Schäffer Poeschel, S.315f, 1996.

[Voss00]
Vossen, Gottfried; *Datenbankmodelle, Datenbanksprachen und Datenbankmanagementsysteme*, 4. Auflage, München, Oldenbourg, 2000.

[Weic03]
Weichbrodt, Rainer; *Risikomanagement-Basel II Corporate Governance*, /2003, http://www.thinktank-community.de/document/cw2003_Folien.pdf.

[Wein05]
Weinbrenner, Peter; *Die Wiedergewinnung der Zukunftsfähigkeit durch Szenario-Technik*, Bielefeld, 2005, http://www.wiwi.uni-bielefeld.de/~weinbren/szenario.htm.

[Zerr94]
Zerres, Reimund; *Planungstechniken: Instrumente für zukunftsorientierte Unternehmensführung*, Frankfurt am Main, Frankfurter Allgemeine Zeitung, 1994.

Sachindex

T

U

V

W

X

Z